Bärbel Oftring, Thomas Wassmann

An der Küste

Haupt

Bärbel Oftring, Thomas Wassmann

An der Küste

Natur erleben – beobachten – verstehen

Haupt
NATUR

Bärbel Oftring ist Diplom-Biologin. Ihre Liebe zur Natur setzt sie heute als Autorin, Redakteurin und Herausgeberin von zahlreichen Sachbüchern für Kinder und Erwachsene sowie in verschiedenen Naturforscherprojekten in die Tat um. Ihre Bücher vermitteln auf anschauliche und interessante Weise, was es alles über Tiere und Pflanzen zu entdecken gibt. Sie wurden bereits in mehrere Sprachen übersetzt und mehrfach mit Preisen ausgezeichnet.
Thomas Wassmann ist Meeresbiologe und Geowissenschaftler. Er ist in der Lehrerausbildung und -fortbildung tätig, mit besonderem Schwerpunkt in der Naturerlebnis- und Umweltpädagogik. Außerdem wirkt er in seinem Wohngebiet an mehreren Naturschutzprojekten mit.

FSC www.fsc.org
MIX
Papier aus verantwortungsvollen Quellen
FSC® C013736

1. Auflage: 2013

Bibliografische Information der *Deutschen Nationalbibliothek:*
Die Deutsche Nationalbibliothek verzeichnet diese Publikation in der Deutschen Nationalbibliografie; detaillierte bibliografische Daten sind im Internet über http://dnb.d-nb.de abrufbar.

ISBN 978-3-258-07733-8

Gestaltung und Satz: pooldesign.ch

Printed in Germany

www.naturerleben.net in Partnerschaft mit www.naturgucker.net
www.haupt.ch

Inhaltsverzeichnis

Vorwort

Das Meer ist der mit Abstand größte Lebensraum. Seine Weiten und Tiefen erschließen sich natürlich nicht, wenn man im Flugzeug viele Kilometer darüber zwischen den Kontinenten unterwegs ist. Sie bleiben mit ihren vielen Geheimnissen auch dann verschlossen, wenn man sie mit dem Schiff überquert. Der dem Menschen normalerweise zugängliche Erlebnisraum Meer sind die Küsten, die vergleichsweise schmalen Grenzsäume zwischen Festland und Wasserwelt. Hier ist der Mensch als ständiger Bewohner eines Küstenortes oder als gelegentlicher Urlauber allerdings bestenfalls Zaungast, auch wenn er mit seinen Badeutensilien gegebenenfalls ein paar Dutzend Meter vor der Wasserlinie unterwegs ist.

«Faszinierend wie das Meer ist auch seine Küste», schwärmte die amerikanische Biologin Rachel Carson in ihrem erfolgreichen, schon vor über 50 Jahren geschriebenen Buch *The Edge of the Sea*, das in viele Sprachen übersetzt wurde. Dieser schlichten Aussage ist zunächst einmal nichts hinzuzufügen. Weil man diese wässrige Welt eben nicht täglich vor Augen hat, erscheint hier vieles außergewöhnlich, großartig und möglicherweise auch ein wenig befremdlich. Das lässt sich ändern. Allerdings bedürfen die auffälligen ebenso wie die vielen kleinen verborgenen Dinge der aktiven Wahrnehmung. Dabei möchte Ihnen dieses Buch helfen. Es spürt ungewöhnliche Sachverhalte auf, erklärt Ihnen Zusammenhänge, erzählt Geschichten und lädt zum Mittun ein.

Und weil die Natur nichts Statisches ist, sondern das Resultat von Vernetzungen und gegenseitigen Abhängigkeiten, und weil das Erkunden ja auch Spaß machen soll, finden Sie überall Verweise auf andere, verwandte Themen im Buch sowie auf Geräusche, Filme und zusätzliche Bilder auf der Website **www.naturerleben.net.** Zahlreiche Watvögel lassen sich leichter anhand ihrer Stimme als an ihrem Äußeren unterscheiden – prägen Sie sich die entsprechenden Tonspuren ein. Oder schauen Sie sich den Film über das Wattenmeer oder die Ostseeküste an. Wenn Sie eigene Beobachtungen oder Fotos mit anderen teilen möchten, können Sie dies dank unserer Partnerschaft mit www.naturgucker.net auch ganz einfach auf unserer Website tun.

→ Film

→ Tonspur

→ Fotos

Ab all dem Kreuz und Quer und Hin und Her zwischen Buchkapiteln und Website soll auch etwas hängen bleiben – mit den Quizfragen können Sie locker prüfen, wie viele Geheimnisse Sie schon gelüftet haben.

Seit November 2011 gibt es noch eine weitere Dimension zu entdecken: Mit der iPhone-App zur Buchreihe können zum Beispiel die häufigsten Tier- und Pflanzenarten an der Nord- und Ostseeküste bestimmt und das Auge und die Ohren durch die Beantwortung der Quizfragen für die Natur geschärft werden.

Viel Spaß beim Beobachten, Entdecken und Erleben der Natur wünschen die Autorin, der Autor und Ihr Haupt Verlag!

Vorbereitung auf den Küstenausflug

An der Küste erwartet Sie eine große Vielfalt unterschiedlicher Lebensräume, die von steilen Felshängen bis zu ausgedehnten Sandstränden reichen. Wo auch immer Sie unterwegs sind, sollten Sie stets achtsam und respektvoll mit den Pflanzen, Tieren und Ihren Mitmenschen umgehen. Schließlich sind Sie «nur» Gast in deren Lebensumfeld.

Tiere

Halten Sie sich von brütenden Vögeln und von ruhenden Robben fern und halten Sie auch bei Aktivitäten mit Lenkdrachen oder ähnlichen Gerätschaften genügend Abstand, damit die Tiere nicht beunruhigt werden. Scheuchen Sie keine Tiere auf. Möchten Sie Wassertiere keschern und in einem (meer)wassergefüllten Eimer oder einer Becherlupe beobachten, so sorgen Sie dafür, dass sich das Wasser nicht erwärmt. Entlassen Sie die Tiere nach wenigen Minuten wohlbehalten wieder in die Freiheit.

Pflanzen

Um Pflanzen näher zu betrachten oder zu bestimmen, müssen Sie sie nicht ausreißen. Belassen Sie sie besser am Wuchsort, denn Pflanzen bieten Tieren Nahrung, Schutz, Unterschlupf, Brut- und Nistmöglichkeiten. Zudem könnten sie selten sein und unter Artenschutz stehen.

Abfälle

Bitte nehmen Sie Ihre Abfälle wieder mit und hinterlassen Sie diese nicht in der Natur. Flaschen, Dosen und anderer Müll wurden schon für viele Tiere zu tödlichen Fallen. Müll gehört in den Abfalleimer!

Hunde

Halten Sie sich unbedingt an die Leinenpflicht in Naturschutzgebieten: Ein einziger frei laufender Hund kann beispielsweise dazu führen, dass Kiebitze einen angestammten Brutplatz nicht mehr aufsuchen – fatal in unserer eh schon verarmten Natur, in der die Lebensräume für Pflanzen und Tiere immer kleiner werden. Auch darf Ihr Hund keine Tiere aufscheuchen oder Ruhe, Brut und Jungenaufzucht stören. Sind Jung- und Wildtiere in der Nähe, sollten Sie Ihren Hund stets an die Leine nehmen.

Im Nationalpark

Beachten Sie die Hinweise und Schilder in den Nationalparks, die ein besonders geschütztes Gebiet sind.

Sicherheit

Beaufsichtigen Sie kleine Kinder an Strand und Küste. Halten Sie zum Meer und Wellengang angepasst ausreichend Abstand. Meiden Sie bei Gewitter die Nähe zum Wasser. Baden Sie nur an dafür vorgesehenen Stellen (Badestrand), gefährliche Strömungen könnten Ihnen rasch zum Verhängnis werden. Halten Sie sich dort an die vorgegebenen Anweisungen.

Sicherheit im Watt

Eine Wanderung im Watt kann bei einsetzender Flut gefährlich werden. Deshalb müssen Sie besondere Hinweise beachten: Gehen Sie niemals allein ins Watt, sondern vertrauen Sie sich einem kundigen Wattführer an. Priele, Senken und andere Örtlichkeiten können rasch lebensgefährlich werden, wenn Sie die Lokalitäten und den Gezeitenrhythmus nicht kennen. Kinder unter 8 Jahren haben im Watt ohne Begleitung durch Erwachsene nichts zu suchen. Informieren Sie sich vor einem Besuch im Watt über weitere Verhaltens- und Sicherheitsregeln, an die Sie sich strikt halten sollten.

Ausrüstungsliste

Auch ohne besondere Ausrüstung können Sie die Küste mit ihren Pflanzen und Tieren erkunden und beobachten – aber mit ein paar Hilfsmitteln können Sie mehr entdecken. Dann kommt richtig Freude auf!

- das wichtigste Utensil: Fernglas
- Kamera (evtl. spritzwasser- oder wasserdicht)
- Pflanzen- und Tierbestimmungsbücher
- Kescher, (durchsichtiger) Eimer oder Becherlupe
- Notizbuch und Schreibzeug
- Taschenmesser
- wettertaugliche Kleidung, Schuhwerk und Sonnenschutz
- Reiseapotheke mit Pflaster und Desinfektionsmittel
- Zwischenmahlzeit und Getränk

An der Küste

Eine Einleitung

Meere, Küsten, festes Land

Bach- und Flussufer haben für Naturfreunde zweifellos ihren besonderen Reiz. Stille Weiher und größere Seen finden ebenfalls ihre erklärten Liebhaber, und selbst der Garten- oder Parkteich verkörpert eine völlig eigene und spannende Welt. Aber nirgendwo prallen die Elemente der Erdoberfläche so unvermittelt aufeinander wie an den **Meeresküsten**. Vom Flutsaum bis zum Horizont breitet sich die endlos erscheinende und nicht überschaubare Wasserfläche aus. Hier können Begegnungen mit oft sehr ursprünglicher Natur stattfinden, insbesondere dann, wenn die Wellen nicht so sanft plätschern wie im Swimmingpool, sondern der Wind auf breiter Front gewaltige **Wasserberge** gegen die Ufer schiebt.

← Wattenmeerküste, Boddenküste

140 ← «Wie das Meer am Festland nagt»

Das Meer ist der größte Lebensraum

Der Blick auf einen gewöhnlichen Schulglobus müsste angesichts der beeindruckenden Land-Wasser-Verteilung ziemlich nachdenklich stimmen. Tatsächlich ist der größte Teil der Erde vom Wasser der Ozeane und ihrer Rand- bzw. Nebenmeere bedeckt. Rund 71% oder knapp 372 Mio. km^2 der insgesamt 510 Mio. km^2 messenden Erdoberfläche sind Meeresgebiete. Die Außenfassade der Erde ist somit unstrittig eine überwiegend wässrig dominierte Angelegenheit.

Das ist aber noch nicht alles. Auf dem Festland, in unserem ureigensten Milieu, reicht der von Lebewesen ständig besiedelte Bereich von den tiefsten Wurzelspitzen

Brandung an der Ostsee

der Bäume bis hinauf zu ihren höchsten Wipfeln. Das sind im Normalfall nur ein paar Dutzend Meter (wenn man von den wenigen Längenrekordhaltern unter den hochwüchsigen Baumarten einmal absieht). Räumlich gesehen, schrumpft die festländische Biosphäre demnach auf eine hauchdünne Schicht. Im Meer ist das völlig anders. Schon lange vor den ersten systematischen Tiefenlotungen war bekannt, dass sich unter der Meeresoberfläche Abgründe auftun. Wie tief sie tatsächlich hinabreichen, wurde erst so richtig klar, als man in der Mitte des 19. Jahrhunderts die Meeresforschung in großem Stil zu betreiben begann.

Am Rande des Geschehens

Vom Saum zwischen Land und Meer geht eine große Faszination aus: Europas **Küsten** sind die in Urlaub und in der Freizeit mit Abstand am stärksten aufgesuchten Räume. Die anmutigen Mittelgebirge und beeindruckenden Alpen können hier nicht mithalten. Es ist offenbar die grandiose Andersartigkeit des gesamten Ambientes, die ein besonders intensives Erleben der Natur ermöglicht. Das elementare Kräftespiel von Wind und Wasser, die erosiv am Land nagende Brandung, die unvertraute Pflanzen- und Tierwelt sind eine echte, das Gemüt stark ansprechende Kontrasterfahrung, die weder eine Stadtrandsiedlung noch eine quirlige City bieten kann. Hinzu kommen die im **Gezeitenrhythmus** wechselnden Wasserstände, die im Bereich größerer Flussmündungen schwankenden Übergänge vom Salzwasser des Meeres zum Süßwasser des Binnenlandes und der an allen Küstentypen andersartige gesamtlandschaftliche Eindruck.

→ Nordseeküste

→26 «Im Rhythmus der Gezeiten»

Krabbenkutter im Hafen von Fedderwardersiel, Niedersachsen.

Strand und Küste

Fragen Sie doch einmal im Umkreis Ihrer Bekannten und Freunde kritisch nach, was eigentlich eine Küste ist und worin der Unterschied zum Strand besteht. Geografen und Geomorphologen bemühen sich zu Recht um eindeutige, wenngleich nicht immer besonders handliche Fachdefinitionen. Im Fall der Küste hat man sich auf das Gebiet zwischen der obersten bzw. äußersten landseitigen und der untersten bzw. äußersten seewärtigen Einwirkung der **Brandung** verständigt. «Küstenlinie» darf man nach Einschätzung von Sprachpuristen nicht sagen, weil Küste immer etwas Linienhaftes einschließt. Die Geowissenschaftler kümmern sich aber nicht um solche Empfindlichkeiten und legen mit dieser Bezeichnung den Verlauf des mittleren Wasserstandes bzw. bei Gezeitenküsten die Linie des mittleren Tidehochwassers (MThw-Linie, vgl. Tabelle S. 28) fest. Ein Strand ist im Sprachgebrauch der Geografen ein flacher Uferstreifen aus Sand oder Geröll, auf dem man problemlos einen Strandkorb oder ein sonstiges Urlaubs-Tagesdomizil etablieren kann.

→161 «Von Wasser, Wind und Wellen»

Man kann es auch einfacher ausdrücken: Unter Küste versteht man die gesamte Landschaft im Übergangsbereich zwischen Meer und Land. Sie schließt damit den gesamten Raum ein, den das Meer direkt beeinflusst, und besteht aus Ufer und Schorre. Zum Ufer gehört der Strand, zur Schorre die vorgelagerte Flachwasserzone. Das Salzwasser bestimmt die natürliche landseitige Grenze des Ufers. Gischt und Hochwasser bringen Salz in die Böden und beeinflussen damit die **Vegetation**. Die amtlich gezogene Grenze des Uferbereichs legt der Küstenschutz fest, gegebenenfalls mit der gewählten Deichhöhe über dem Meeresspiegel.

→121 «In der Salzwiese»

Innerhalb dieser im Prinzip leicht überschaubaren Grenzziehung breitet sich nun eine beachtliche Bandbreite unterschiedlicher Landschaften und Lebensräume aus. Fast überall auf der Erde und auch an Nord- und Ostsee zeigen die Küstenabschnitte unverwechselbare regionaltypische Züge. Wo Klippen oder andere aus Hartgestein aufgebaute Steilküsten aufragen, hat die Natur einzigartige Szenerien geschaffen, aber selbst die auf den ersten Blick vielleicht etwas monotonen Sandstrände mit ihren anschließenden Dünenserien sehen überall ein wenig anders aus.

Den Wellen zuzuschauen, ist für viele Menschen ein großartiges Naturschauspiel.

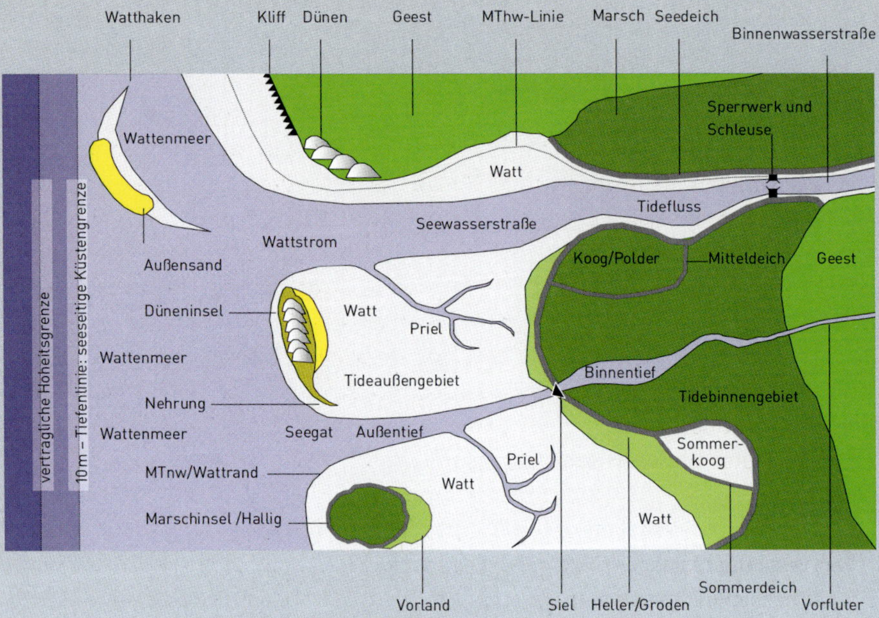

Meerwasser ist ganz anders

Für einen Küstenurlauber ist auch das Meerwasser etwas Besonderes. Wegen seiner höheren Dichte trägt es beim Planschen und Schwimmen deutlich besser als das Wasser im heimischen Freibad oder Baggersee. Mit seiner enormen Salzfracht schmeckt es auch ganz anders als das Leitungswasser oder Mineralwasser. Aus Abenteuerberichten über Schiffbrüchige weiß man allerdings, dass das gegebenenfalls im Überfluss vorhandene Meerwasser das normale Trinkwasser absolut nicht ersetzen kann und überraschend schnell auch lebensbedrohlich wirkt.

Das Salz auf meiner Haut

Der mittlere Salzgehalt des Meeres ist beträchtlich: Eintrocknende Wassertropfen auf der Haut nach einem erfrischenden Bad werden durch allmähliches Auskristallisieren ihrer löslichen Bestandteile (Ionen) zunächst milchig trüb und hinterlassen schließlich eine kleine Kruste. Die Salzbefrachtung des Meerwassers (d. h. der Massenanteil von Salz) beträgt rund 35 g in 1 kg (nicht Liter!) oder 35 kg in 1 m^3 Wasser. Fachmännisch bezeichnet man den Salzgehalt als «Salinität» und gibt ihn in Promille (‰) resp. der zahlengleichen Einheit psu (= practical salinity unit) an. Demnach

Gestaltungselemente an der Nordseeküste

beträgt der globale Durchschnittswert der Salinität des Meeres also 35‰ oder 35 psu. Verdunstung und Niederschläge bedingen aber in den Weltozeanen deutliche regionale Unterschiede. Im Mittelmeer liegen die Salinitätswerte wegen der negativen Wasserbilanz deutlich über dem Durchschnitt – an der Straße von Gibraltar bei 36,25‰ und in der Ägäis bei 39‰. Im Persischen Golf, der sich durch eine hohe Verdunstungsrate und geringe Flusseinläufe auszeichnet, liegt die Salinität sogar bei 42 psu. Andererseits führen **Eisbildung** und Schmelze in den Polarzonen ebenfalls zu Verschiebungen. Im Nordpolarmeer ist eine besonders starke Abnahme des Salzgehaltes zu verzeichnen. Hoher Niederschlag in der Äquatorialzone und starke Verdunstung in den Subtropen erklären weitere Abweichungen im Salzgehalt vor allem an der Oberfläche der Meere. In der Nordsee liegt die Salinität wegen des relativ bedeutsamen Süßwassereinstroms von Rhein, Weser und Elbe nur bei 33‰.

→154 «Eisiges von Strand und Küste»

Brackwasser – ein ungewöhnliches Nass

Etwas vereinfacht ausgedrückt, ist Brackwasser verdünntes Meerwasser. Als Brackwasser bezeichnet man Meerwasser unter 18 psu. Beim Baden ist es sehr angenehm, weil es nur wenig nach Salz schmeckt und nicht so heftig in den Augen brennt. Die **Ostsee** mit ihren flachen, schmalen Korridoren zur **Nordsee** oder das Schwarze Meer mit seinem schmalen Zugang zum Mittelmeer bei Istanbul sind gute Beispiele für Brackwassermeere. Sie zeichnen sich durch mancherlei hydrografische und biologische Besonderheiten aus.

→22 «Brackwassermeer Ostsee»

→19 «Die Nordsee – ein Randmeer vor unserer Tür»

Auskristallisiertes Meersalz am Strand

Und woher kommt das Salz?

Viele Lehrbücher der Geochemie vertreten die Einschätzung, dass der Ionen- bzw. Elementgehalt des Meerwassers die Endstadien der **Gesteinsverwitterung** auf dem Festland widerspiegelt. Rinnsale, Bäche, Flüsse und Ströme sammeln demnach die freigesetzten, löslichen Bestandteile und führen sie allmählich dem Meer zu. Die Stofffracht der Flüsse reicht angeblich sogar aus, in rund 25 Millionen Jahren so viel Salz in die Meere einzuschwemmen, wie aktuell darin gelöst ist. So weit die schöne Theorie. Diese hat aber ein paar Schönheitsfehler: Tatsächlich ist der heutige Salzgehalt der Meere, die immerhin 97 % des Gesamtwasservorrats der Erde ausmachen, immer noch ein stoffliches Erbe aus ihrer Frühzeit, als sich erstmals eine Hydrosphäre entwickelte. Das Meer war schon oft Entstehungsort von Gesteinen, die im Laufe ihrer weiteren Genese irgendwann einmal Bestandteile des Festlands wurden – so beispielsweise die Silt- und Sandsteine des Rheinischen Schiefergebirges oder die meist nicht einmal halb so alten Sedimentgesteine der nördlichen Alpen. Nicht das Festland ist das Liefergebiet für die mineralischen Bestandteile des Meerwassers, sondern eher umgekehrt.

190← «Wie das Meer am Festland nagt»

Fragen

- Große Teile des Festlandes waren früher einmal Meeresboden. Welche bekannte Küstenregion Deutschlands gehört dazu?
- In welcher Jahreszeit hat das Wasser der Nordsee den geringsten Salzgehalt?

208← Antworten

Lockeres Strandgeröll – kein Lieferant des Meersalzes

Die Nordsee – ein Randmeer vor unserer Tür

Die Nordsee ist in geografischer, historischer und wirtschaftlicher Hinsicht das für Mitteleuropa mit Abstand bedeutsamste Meer, wobei sie, genau genommen, eigentlich «nur» ein Nebenmeer ist. Als «Nebenmeer» bezeichnet man breite Buchten, die sich weit in kontinentales Gebiet erstrecken, vom offenen Ozean zwar getrennt sind, damit aber dennoch im direkten Austausch stehen. Die Öffnung der **Nordsee** zum Nordatlantik misst an der engsten Stelle zwischen dem ostschottischen Kinnairds Head und dem westnorwegischen Stavanger rund 450 km. Mit insgesamt rund 575 200 km^2 Fläche gehört die Nordsee zu den kleineren Nebenmeeren. Im Kartenbild nimmt sie ungefähr die Form eines Rechtecks von rund 1000 km Länge und bis zu 600 km Breite ein. Ihre Wasserfüllung beträgt immerhin 54 069 km^3 und enthält die ansehnliche Menge von 1 838 142 000 t Meersalz.

→ Deutsche Nordseeküste

Durch die etwa 100 km breite Öffnung zwischen den Orkney- und den Shetland-Inseln nordöstlich von Schottland führt der Fair-Isle-Strom dem Nordseebecken jährlich etwa 9000 km^3 Wasser aus dem offenen Atlantik zu. Ein deutlich stärkerer Einstrom mit rund 51 000 km^3 führt über die rund 900 km lange Norwegische Rinne. Davon verlässt der überwiegende Teil den Nordseeraum wieder mit dem Baltischen Strom entlang der norwegischen Küste. Etwa 3400 km^3 Wasser erhält die Nordsee über den Ärmelkanal, der an der engsten Stelle zwischen Calais und Dover nur 34 km breit ist. Mit dem Niederschlag treffen weitere 380 km^3 ein. Das hört sich nach sehr viel an, entspricht aber mit etwa 660 mm/m^2 (oder 660 l/m^2) eher dem unteren Durchschnitt der jährlichen Niederschlagsmenge über Mitteleuropa. Diese Wasserversorgung von oben gleicht die jährliche Verdunstung von ca. 325 km^3 recht gut aus. Die Nordseezuflüsse Rhein, Weser und Elbe tragen der Nordsee jährlich etwa 300 km^3 Süßwasser zu. Das Flusswasser macht damit insgesamt nur etwa 0,5 % des Nordseewassers aus. Der Rhein ist daran mit etwa 2200 m^3/s beteiligt, die Elbe mit 856 m^3/s. Die fluviatilen und marinen Wasserkörper durchmischen sich allerdings nur zögerlich: Das Wasser aus Rhein und Elbe ist noch bis Nordwestdänemark anhand des verminderten Salzgehaltes klar von typischem Meerwasser zu unterscheiden. In knapp zwei Jahren tauscht die Nordsee ihr gesamtes Wasser mit dem Nordatlantik aus.

Die friesische Sichtweise

Der Name «Nordsee» geht vermutlich auf die an den Küsten ansässigen Friesen zurück, aus deren Perspektive das Meer in nördlicher Richtung direkt vor ihrer Haustür liegt. Die Hanse übernahm diese Einschätzung und setzte zudem für das östlich anschließende Großgewässer die Bezeichnung «**Ostsee**» durch.

22← «Brackwassermeer Ostsee»

Während der Eiszeiten wurde das Nordseebecken mehrmals von den Gletschern der nordischen Vereisung überfahren. Auf dem Höhepunkt des letzten Glazials, der Weichsel-Eiszeit, war das Inlandeis über Skandinavien stellenweise bis zu 5 km mächtig und der Meeresspiegel wegen der Eisschilde weltweit etwa 120 m unter dem heutigen Niveau. Die gesamte südliche Nordsee war daher Festland. Vor etwa 10 000 Jahren lag der Meeresspiegel nur noch bei 35 m unter Normalnull (NN), etwa um die Zeitenwende hatte er NN erreicht. Über die letzten 7500 Jahre stieg er um durchschnittlich 35 cm/Jahrhundert. Das löst Diskussionen um die weitere Entwicklung der Küstenlinie an der südlichen Nordsee aus, zumal man während der letzten 100 Jahre einen bisher ungebremsten Anstieg bis 25 cm (oder gegenwärtig etwa 2,4 mm/Jahr) beobachtet.

Typische Landschaft an der deutschen Nordseeküste: Westerhever auf der Halbinsel Eiderstedt

Luftbild eines Priels im Wattenmeer

Brackwassermeer Ostsee

19← «Die Nordsee – ein Randmeer vor unserer Tür»

Betrachtet man die Landkarte Nordeuropas einmal genauer, müsste man eigentlich die Ostsee als Nordsee bezeichnen. Sie liegt zwar östlich des **Nordseebeckens**, erstreckt sich mit ihren entferntesten Ausläufern jedoch viel höher in den Norden: Während die Nordsee ungefähr zwischen dem 52. und dem 60. Breitengrad liegt, reicht die Ostsee immerhin vom 54. bis zum 63. Breitengrad und damit von ihrem südlichsten Punkt im Greifswalder Bodden über 1300 km bis fast an den nördlichen Polarkreis.

Da sie vergleichsweise schmal und rundum von Festland eingeschlossen ist, gilt sie in der modernen Ozeanografie als kontinentales Mittelmeer. Die direkte Verbindung zur Nordsee ist am Skagerrak zwischen Südostnorwegen und dem dänischen Nordjütland mit rund 130 km relativ schmal. Noch enger wird es mit nur 63 km am Eingang zum Kattegat zwischen Jütland und Südwestschweden. Nur drei enge Öffnungen bilden eine direkte Verbindung zum Kattegat und von dort über das Skagerrak zur Nordsee – der gerade einmal 600 m breite Kleine Belt zwischen Jütland und Fünen, der 22 km breite Große Belt zwischen Fünen und Seeland und der etwa 4 km breite Øresund zwischen Kopenhagen und Malmö.

Blick über das Achterwasser, Insel Usedom

Beobachtungstipp – Der Wind legt das Watt frei

Anderes als beim Wattenmeer an der Nordsee bestimmen an der Ostsee der Wind und nicht die Gezeiten das Geschehen in den Flachwassergebieten. Starker Wind kann beispielsweise im Nationalpark Vorpommersche Boddenlandschaften das Wasser aus den Buchten in die offene Ostsee hinausdrücken und besonders flache Bereiche trockenfallen lassen. Solche unter Windwirkung zeitweilig trockenfallende Bereiche bezeichnet man als Windwatten.

Erdgeschichtlich betrachtet, ist die Entwicklung der Ostsee so alt wie Europa selbst. Ihre derzeitigen Küsten entstanden allerdings erst in geologisch jüngster Zeit durch die letzten Eiszeiten. Mehrmals schoben sich mächtige, von Norden ausgehende Eisschichten über die norddeutsche Tiefebene. Da die Gletscher jahrzehntausendelang die ursprünglichen skandinavischen Hochgebirge auf das Maß von Mittelgebirgen abgeschliffen haben, verfrachteten sie auch Unmengen von Schotter und größeren Steinen nach Süden. Streng genommen, lebt man in Norddeutschland also auf skandinavischem Boden. Das Abschmelzen der Gletscher setzte vor etwa 15 000 Jahren ein. Diese Phase hinterließ die gewellte Küstenhinterland-Hügellandschaft Schleswig-Holsteins und Mecklenburg-Vorpommerns.

Erdgeschichtlich gliedert man die jüngere Geschichte der **Ostsee** in sechs Stadien, die sich vor allem im Salzgehalt des Ostseewassers und den davon abhängigen Leitorganismen unterscheiden. Praktischerweise verwendet man dazu die relativ dauerhaften Schalen bzw. Gehäuse von Muscheln (überwiegend die Phasen mit Meerwasser) oder Schnecken (überwiegend die Zeitabschnitte mit Süßwasser), die gleichsam als geschichtete Geschichte in den jeweiligen Bodensedimenten stecken. Entsprechend unterscheidet man also Yoldia-Meer, Ancylus-See, Littorina-Meer, Lymnaea-See und Mya-Meer. Das derzeitige Stadium erhielt den Namen nach der Sandklaffmuschel *(Mya arenaria)*. Diese Art kam erst im Mittelalter (16. Jahrhundert) aus Nordamerika zu uns. Es ist eine marine Art, die jedoch Brackwasser toleriert und heute bis in den Bottnischen Meerbusen vorkommt.

→ Tauchgang in der Ostsee

Die Ostsee ist also ein Brackwassermeer, das langsam aussüßt. Ein Wasseraustausch mit der Nordsee kann nur über die vergleichsweise schmalen Zuflüsse – Kleiner und Großer Belt sowie Øresund – stattfinden. Nur gelegentlich dringt Nordseewasser in die Ostsee ein, während Ostseewasser fast ständig in die Nordsee abfließt. Die Flüsse im Einzugsgebiet der Ostsee führen dem Ostseebecken jährlich etwa 480 km^3 Süßwasser zu. Die Hälfte dieser Flusswassermengen spenden die sieben

Flüsse Newa (Russland), Weichsel (Polen), Düna (Lettland), Memel (Litauen), Kemijoki (Schweden), Oder (Polen) und Lule älv (Schweden).

16←
«Meerwasser ist ganz anders»

Salzwasser ist spezifisch schwerer als Süßwasser. Sein Einstrom in die Ostsee von der Nordsee wird durch Schwellen am Meeresboden behindert. Deutliche Hindernisse bilden die Drodgenschwelle im Øresund mit nur 7,2 m Tiefe und die Darßer Schwelle zwischen dem Darß und Falster (Dänemark) mit 18 m Tiefe. Nur bei starkem Einstrom schwappt das Nordseewasser über diese Schwellen und kann in die Becken der Ostsee vordringen. Das Salzwasser verteilt sich am Boden der Becken, sodass ein deutlich geschichteter Wasserkörper entsteht. Die Sprungschicht als Grenze zwischen diesen beiden Wasserkörpern liegt in der westlichen Ostsee etwa bei 20 m und in den tiefen Becken weiter östlich bei 70 m. In der Kieler und Mecklenburger Bucht baut sich eine Sprungschicht nur während der Sommermonate auf. Ein vertikaler Austausch von Stoffwechselgasen zwischen den Wasserkörpern findet jedoch kaum statt. Folglich wird verbrauchter Sauerstoff in der unteren Schicht nicht ersetzt. Nachschub kommt nur über den langen horizontalen Weg aus der Nordsee.

Kreideklippe im Nationalpark Jasmund
auf der Insel Rügen

Kommt es zu einem der relativ seltenen Salzwassereinbrüche, verdrängt das einströmende salz- und sauerstoffreiche Wasser das sauerstoffarme alte Tiefenwasser und führt zur Verbesserung der Lebensbedingungen sowie zu einer Wiederbesiedlung der zuvor weithin toten Böden durch **Bodentiere** und Fische.

→ Einsiedlerkrebs

Fragen

- Gibt es in der Ostsee Ebbe und Flut?
- Fische und andere Meeresbewohner sind an den durchschnittlichen Salzgehalt der Ozeane von etwa 35 psu angepasst. Was passiert, wenn eine marine Art in das Brackwasser der Ostsee gerät?

→208 Antworten

Die Leitarten der Ostseestadien: Links die Spitz-Schlammschnecke *(Lymnaea stagnalis)*, rechts oben die Sandklaffmuschel *(Mya arenaria)* und rechts unten die Gemeine Strandschnecke *(Littorina littorina)*

Im Rhythmus der Gezeiten

161← «Von Wasser, Wind und Wellen»

Es ist schon eigenartig: In jeder Badebucht an der Mittelmeerküste trifft man das **Wasser** heute zuverlässig im gleichen Uferbereich an wie am Vortag. Dagegen muss man am Atlantik und fast überall an der Nordsee dem erfrischenden Nass mitunter Hunderte von Metern hinterherlaufen. Immerhin beträgt der Niveauunterschied zwischen Flutmarke und Niedrigwasserlinie an der südlichen Nordseeküste durchweg 3 m. In der Bucht von St. Malo am Ärmelkanal sind es sogar bis zu 8 m.

Die täglichen Wasserstandsschwankungen im ungefähren Sechsstundenrhythmus sind den Küstenanwohnern natürlich so vertraut, dass sie schon fast gar nicht mehr darüber nachdenken. Die faszinierende Naturerscheinung Gezeiten, mit einem niederdeutschen Wort auch «Tiden» genannt, ist ein Bestandteil des Alltagsgeschehens.

Komplexes Geschehen

← Ebbe und Flut im Zeitraffer

Dass die Gezeiten mit **Ebbe und Flut** irgendwie mit dem Mond zusammenhängen, weiß (fast) jeder. Fragt man jedoch nach, warum die Hoch- und Niedrigwasserzeiten nicht jeden Tag zum gleichen Zeitpunkt eintreten wie der Glockenschlag punkt zwölf, werden die Erklärungen schon spärlicher.

Der berühmte Astronom Johannes Kepler, der sich auch mit dem Problem der Gezeiten befasste, war schon ziemlich nahe an der Lösung, als er 1609 notierte: «Die Einflusssphäre der Anziehung des Mondes ist ebenso ausgedehnt wie die der Erde. Sie zieht das Wasser weg von der heißen Region.» Obwohl er das Newton'sche Gravitationsgesetz noch nicht kannte (dieses wurde erst rund ein halbes Jahrhundert später, nämlich 1668, aufgestellt), hatte er dennoch intuitiv die Beteiligung der für ihn noch recht mystischen Schwerkraft («Einflusssphäre») erfasst und als Erster zutreffend erkannt, dass vor allem der Mond durch seine Massenanziehung für die beiden globalen Flutberge verantwortlich ist. Isaac Newton erkannte dagegen zutreffend, dass bei den Gezeiten die Schwerefelder von Erde, Mond und Sonne zusammenwirken. Die Gezeiten erzeugenden Kräfte sind tatsächlich das Ergebnis der Massenanziehung durch den Mond sowie der Fliehkräfte, die sich aus der gemeinsamen Drehung von Erde und Mond ergeben. Sie türmen sich auf der mondzu- und auf der mondabgewandten Seite (hier allerdings um etwa 5 % vermindert) der Erde jeweils zu einem Flutberg auf. Darunter dreht sich unser Planet infolge seiner täglichen Eigenrotation hinweg. Die kontinentalen Küsten geraten daher mit der Erddrehung zweimal täglich in einen Flutberg und werden anschließend auch zweimal in ein Ebbetal geschoben. Zunehmende und wieder abnehmende Gezeitenwasserstände treten so

Zweimal dieselbe Küstenlandschaft vor Helgoland – einmal bei Ebbe und einmal bei Flut

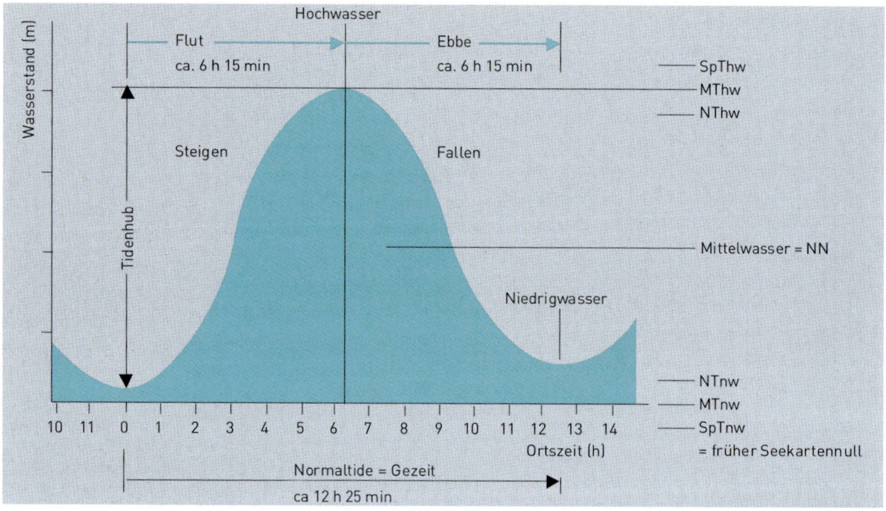

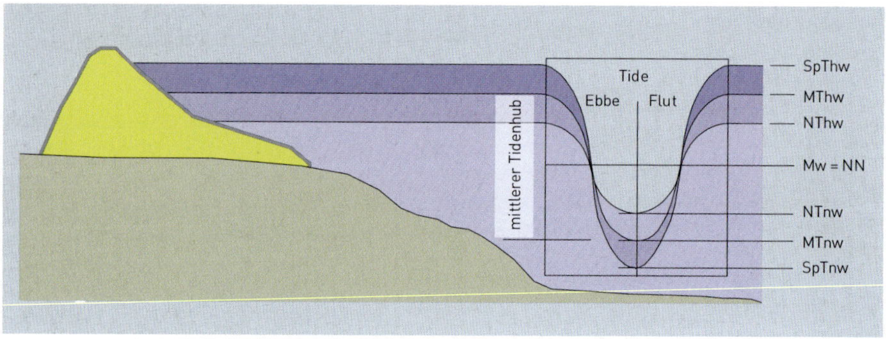

an den Küsten immer im rhythmischen Wechsel auf. Meist sind es – zumindest in den meisten Küstenregionen der mittleren Breiten – sogenannte halbtägige Tiden: Täglich ereignen sich hier zwei Hoch- und zwei Niedrigwasser.

Die Tiden in der Nordsee

Flut im Wattenmeer

Für eigene Flutberge nach den oben geschilderten Kräftewirkungen ist das Nordseebecken viel zu klein. Die an den **Nordseeküsten** auftretenden Tiden entstehen auf dem offenen Atlantik und schwappen mit zeitlicher Verzögerung in das Nordseebecken. Etwa drei Tage nach ihrer Entstehung im Mittelatlantik erreicht die atlantische Gezeitenwelle das Nordseebecken an der Ostküste Schottlands. Wegen der Coriolis-Kraft, einer aus der Erdrotation resultierenden Beschleunigung, läuft sie entlang der

Schematische Darstellung des Normalablaufs einer Tide (oben)

Wasserstände an einer Gezeitenküste (unten)

ostenglischen Küste nach Süden, trifft bei Borkum auf die deutsche Küste und bewegt sich dann in Form einer Drehwelle gegen den Uhrzeigersinn weiter an Weser- und Elbmündung vorbei nach Norden. Für diesen Weg benötigt sie rund 3,5 Stunden. Die deutschen Küstenorte in Ost- und Nordfriesland haben also niemals gleichzeitig Hoch- oder Niedrigwasser.

Wenn die Erdrotation eine Küste in den Flutberg dreht, läuft dort das Wasser auf – es ist Flut. Das Steigen des Wassers (der «Tidenstieg») endet mit dem Hochwasser, dem jeweils höchsten Wasserstand. Flut ist somit kein Zeitpunkt, sondern ein Zeitraum der tidenbedingten Wasserbewegung. Während der anschließenden Ebbe fällt das Wasser kontinuierlich bis zum Niedrigwasserstand. Zwischen einem Hochwasser und dem nachfolgenden Niedrigwasser vergehen durchschnittlich 6 Stunden

Sturmflut an der Nordsee

13 Minuten. Eine vollständige Gezeit (Tide) umfasst somit den Zeitraum von einem Hochwasser bis zum nächsten bzw. von einem Niedrigwasser zum nächsten Niedrigwasser. An offenen Küstenorten dauert sie im Durchschnitt 12 Stunden 25 Minuten. Von Tag zu Tag verspätet sich der Eintritt von Hoch- oder Niedrigwasser somit um rund 50 min – ebenso wie sich auch die Mondaufgangszeiten täglich verlagern.

Beobachtungstipp – Ebbe oder Flut?

Ob an einem Küstenabschnitt gerade Ebbe oder Flut herrscht, lässt sich zwar durch den Blick in den Tidenkalender, in die Küstenausgabe der Tageszeitung oder mit einer App leicht feststellen, doch gibt es für die jeweilige Bewegungsrichtung des Wassers auch direkte Hinweise: Schwimmende Seezeichen (Tonnen) können im zuweilen kräftigen Gezeitenstrom eine deutlich erkennbare Bugwelle ausbilden und zeigen mit der Spitze jeweils in Richtung der Wasserbewegung.

Die Gezeitenströme erreichen vor den offenen Küsten in der Deutschen Bucht Geschwindigkeiten um 4–6 km/h oder, seemännisch ausgedrückt, 2–3 kn (kn = Knoten, 1 kn = 1 Seemeile/h, 1 sm = 1,852 km). Wo es besonders eng wird, beispielsweise in der

Flutmauer oder Stöpe: Wenn die Flut besonders hoch ist, wird die Straße gesperrt und wasserdicht verschlossen.

Elbmündung vor Cuxhaven, im Bereich von Minsener Oog am Jade-Ausgang oder vor Wangerooge kann der Flutstrom auch 8–10 km/h (4–5 kn) erreichen. Wattwanderer müssen als Faustregel vor Augen haben, dass der Flutstrom mit der Geschwindigkeit eines sehr rasch schreitenden Fußgängers über den Wattboden auf die Hochwasserlinie zuläuft. Dabei ist zusätzlich zu berücksichtigen, dass tiefer liegende **Wattgebiete** wie Priele ungleich rascher überflutet werden als höhere Schlickbänke.

→46 «Weltweit einzigartiges Watt»

Auch die Sonne spielt mit

Verglichen mit dem Mond, hat die Sonne eine ungleich größere Masse. Dafür ist sie mit rund 150 Mio. km Abstand aber auch viel weiter von der Erde entfernt. Die von ihr ausgehenden Gezeiten erzeugenden Kräfte fallen daher deutlich schwächer aus und betragen nur etwa 40 % derjenigen des Mondes. Dennoch mischen sie in den Gezeiteneffekten spürbar mit. Das lässt sich gut bei Voll- und Neumond beobachten, wenn sich Mond, Erde und Sonne räumlich auf einer geraden Linie befinden und sich die Flut erzeugenden Kräfte von Mond und Sonne summieren: An den Küsten treten dann die Springtiden mit besonders hohen Hoch- und tiefen Niedrigwasserständen auf. Rund eine Woche später stellt sich die Situation am Himmel völlig anders dar: Bei Halbmond bilden Mond, Erde und Sonne zueinander ein rechtwinkliges Dreieck. Dadurch verringert sich die Mondflutkraft um die Gezeitenwirkung der Sonne: Die daraus resultierenden Nipptiden bleiben erwartungsgemäß deutlich hinter den durchschnittlichen Tidenwasserständen zurück. Mit einer exakten Periode von 14,77 Tagen schwanken die Wasserstände also zwischen den Nipp- und Springtidenniveaus bei Neu- bzw. Vollmond und fallen folglich jeden halben Tag messbar anders aus.

Ein wenig Tidendeutsch

Kürzel	Bezeichnung
SpThw	Springtidenhochwasser
MThw	Mitteltidenhochwasser
NThw	Nipptidenhochwasser
MW	Mittelwasser [NN]
NTnw	Nipptidenniedrigwasser
MTnw	Mitteltidenniedrigwasser
SpTnw	Springtidenniedrigwasser

Zwischen Flutmarke und Niedrigwasserlinie

Die Gezeiten mit ihren wechselnden Wasserständen haben nicht nur für Ausflugsverkehr, Badebetrieb und Küstenschifffahrt unmittelbare Folgen. Sie sind nämlich neben der Wellentätigkeit der wichtigste bestimmende Faktor für die Struktur der Küstenlebensräume und die Besiedlung durch Meeresorganismen.

In Tidegebieten kann die Küste keine klar gezogene Trennlinie sein, auch wenn sie auf Karten so dargestellt ist. In der Wirklichkeit vor Ort zeigt sie sich als mehr oder weniger breiter Saum – als amphibischer Streifen, der gezeitenabhängig mal dem Land und Stunden später schon wieder dem Meer angehört. Seewärts reicht die Küste so weit hinaus, wie bei Niedrigwasser (MTnw: mittlere Tidenniedrigwasserlinie) Landformen auftreten. Landseitig erstreckt sie sich bis an die Grenze des Gezeiteneinflusses (MThw: mittlere Tidenhochwasserlinie).

Priel-Ansicht aus der Luft

Das gesamte Gebiet zwischen der mittleren Hochwasserlinie (Hochwassermarke) und der mittleren Niedrigwasserlinie (Niedrigwasserniveau) bildet die Wechselflutzone (Eulitoral). Schaut man sich den Zeitablauf einer Tide genauer an, so zeigt sich sofort, dass für die **Lebensbedingungen** in der Wechselflutzone gewaltige Unterschiede bestehen. Ein Lebewesen nahe der Niedrigwasserlinie schaut im Tidenzyklus nur für relativ kurze Zeit aus dem Wasser: Kaum hat die Ebbe seinen Standort freigegeben, geht fast schon wieder die nächste Flut darüber hinweg. Am oberen Ende, im Bereich der Hochwassermarken, sitzen die dort dauerhaft siedelnden Lebewesen dagegen erheblich länger auf dem Trockenen. Wenn die Tide ihren Sitzplatz geräumt hat, können bis zur nächsten Flutdusche mehr als 10 Stunden vergehen.

→35
«Lebensräume zwischen Land und Meer»

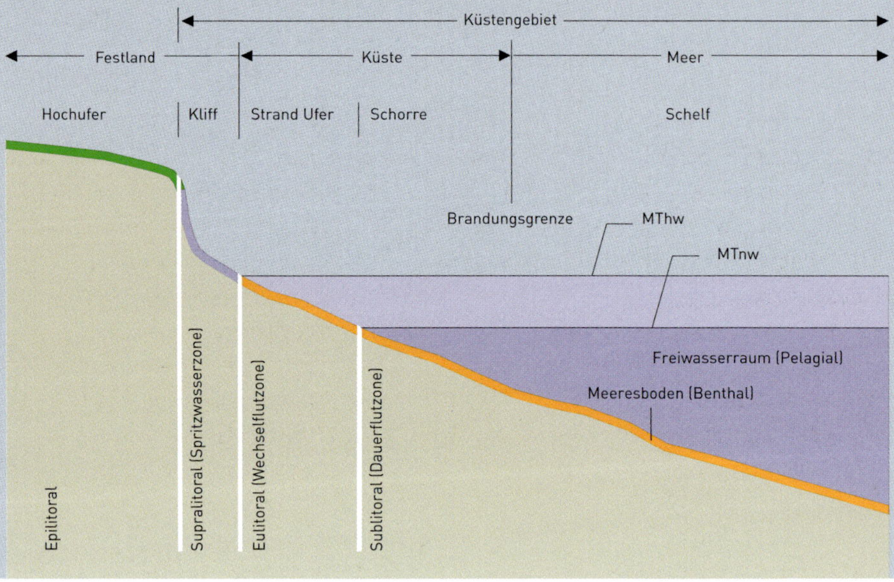

Wegen des 14-täglichen Wechsels von Nipp- und Springtiden sind die genauen Grenzen der Wechselflutzone nicht ganz exakt festzulegen – die Wasserstände fallen jeden Tag etwas anders aus, und außerdem ist auch immer der wechselnde Wellenschlag im Spiel. Dennoch hat man auch für die an das Eulitoral angrenzenden Bereiche eigene Begriffe geprägt. Oberhalb der höchsten von Flutwasserständen erreichten Zone liegt der Spritzwasserbereich (Supralitoral). Bis hierhin reichen bei auflandigem Wind und erst recht bei **Sturm** die Effekte von Brandung und Wellenschlag. Organismen, die hier dauerhaft siedeln, werden also noch regelmäßig mit Meerwasser imprägniert und müssen solche Salzduschen ertragen können. Erst weiter oben, dort, wo kein Wellenspritzer mehr ankommt, beginnt mit dem Epilitoral der eigentliche Lebensraum des Festlandes, ablesbar an seinen andersartigen pflanzlichen Besiedlern.

Sturm auf Norderney

Am unteren Ende der Gezeitenzone, im Bereich der Niedrigwasserniveaus, schließt sich die Dauerflutzone (Sublitoral) an. Hier sind keine Gezeiteneffekte mehr wirksam. Das ist Neptuns Reich, das in seinen oberen Dutzend Metern allenfalls noch für Taucher zugänglich ist. Der weitaus größte Teil des Lebensraumes Meer gehört demnach zum Sublitoral. Auch wenn das Eulitoral als periodisch trockenfallender Streifen nur ein schmaler Saum in wechselnder Breite sein kann, gehört es doch zu den spannendsten Lebensräumen überhaupt.

Küstengliederung vertikal und horizontal

Lebensräume zwischen Land und Meer

Wenn man von den Lebensräumen *im* Meer spricht, sind grundsätzlich zwei wichtige Begriffe zu unterscheiden: Mit «Pelagial» meint man die gewaltigen Freiwasserräume und damit den gesamten Wasserkörper von der Wasserlinie am Ufer bis in die tiefsten Ozeangräben. Mit dem Begriff «Benthal» bezeichnet man dagegen den Bodenbereich des Meeres. Die jeweils dazugehörenden Lebensgemeinschaften sind das Pelagos und das Benthos, die sich stark voneinander unterscheiden. Das tun aber auch die Lebensräume *am* Meer, da es einen gewaltigen Unterschied macht, ob das Land einer Küstengegend unter sehr flachem Winkel gegen das angrenzende Meer abfällt, oder ob es in einem gestuften oder jähen Steilabbruch endet, der viele (Dutzende) Meter hoch sein kann.

Hartbodenküste: Felsen, Klippen, Hartsubstrate

Das Erscheinungsbild einer Küste hängt demnach wesentlich vom Rahmen ab, den die regionale Geologie setzt: Wo anstehendes Festgestein direkt an die Wasserlinie grenzt, sprechen die Geologen von Felsküste mit ihren steileren oder flacheren und meist ziemlich unzugänglichen Partien. Meist spricht man jedoch nicht von Küsten- oder Strandabhängen, sondern von einem Kliff.

Da die Brandung unaufhörlich am Gestein nagt und bei schweren Stürmen wie mit Hammerschlägen daran herummodelliert, prägen die verschiedenen **Erosionsformen** mit Brandungshohlkehle, Brandungshöhlen, Brandungstoren oder einzeln aufragenden Felstürmen das oftmals sehr malerische Bild solcher Küsten. Wegen der ständig zu erwartenden, aber schlecht vorhersagbaren Materialabgänge kann der Aufenthalt hier gefährlich sein. Vor dem Klippenfuß breiten sich mitunter ausgedehnte Block- und Geröllfelder oder Steinstrände aus – allesamt unübersehbare Zeugnisse dafür, dass die wind- und wasserbedingte Erosion langfristig auch vor Felsenfestem nicht Halt macht. Solche Küstenabschnitte findet man im Bereich der Nordsee beispielsweise in Südnorwegen und Südschweden sowie am Ärmelkanal von der Normandie bis zur Bretagne.

→190 «Wie das Meer am Festland nagt»

Mitunter geht das Festland an einer Felsküste nur über eine wenige Meter hohe Stufe in die Gezeitenzone über. Fallweise kann sich der Übergang jedoch auch weitaus dramatischer darstellen: Auf der roten Felsinsel Helgoland steht man am Westfalm etwa 55 m über dem Meeresspiegel, auf dem malerischen Kreidefelsen Königsstuhl im Nationalpark Jasmund auf Rügen gar 118 m und an den berühmten senkrecht abfallenden Cliffs of Moher im westlichen Irland stellenweise über 200 m. Noch gewaltiger sind die Höhenunterschiede in den norwegischen Fjorden.

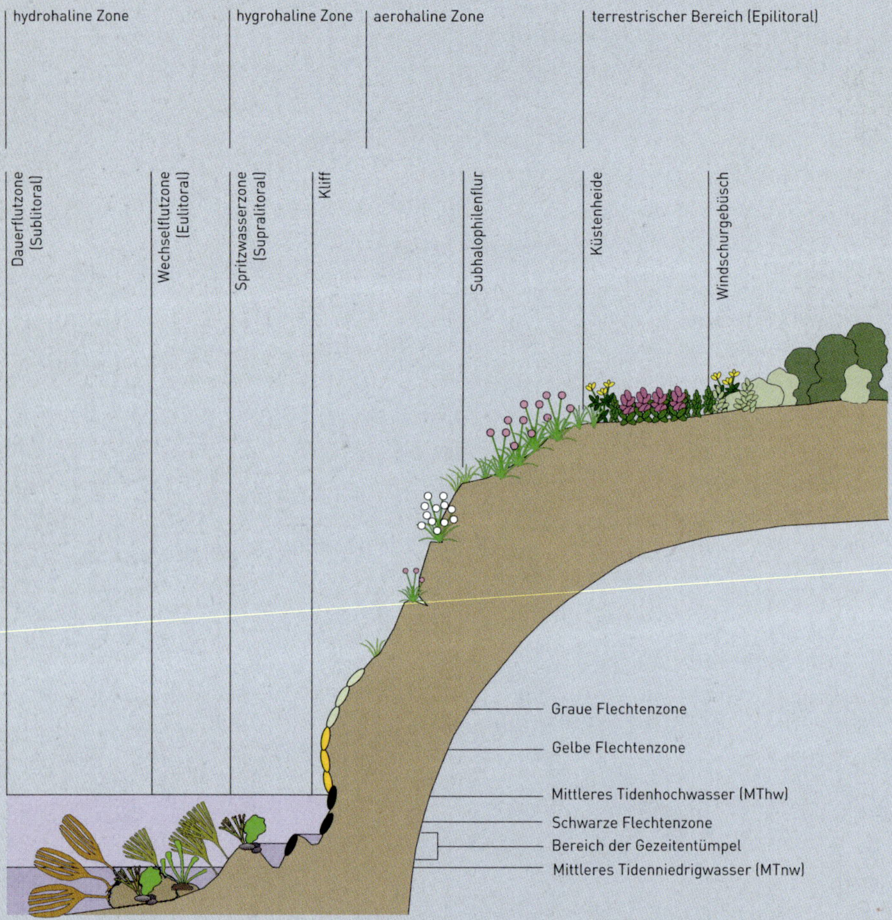

Gliederung einer Felsküste und ihrer Lebensgemeinschaften

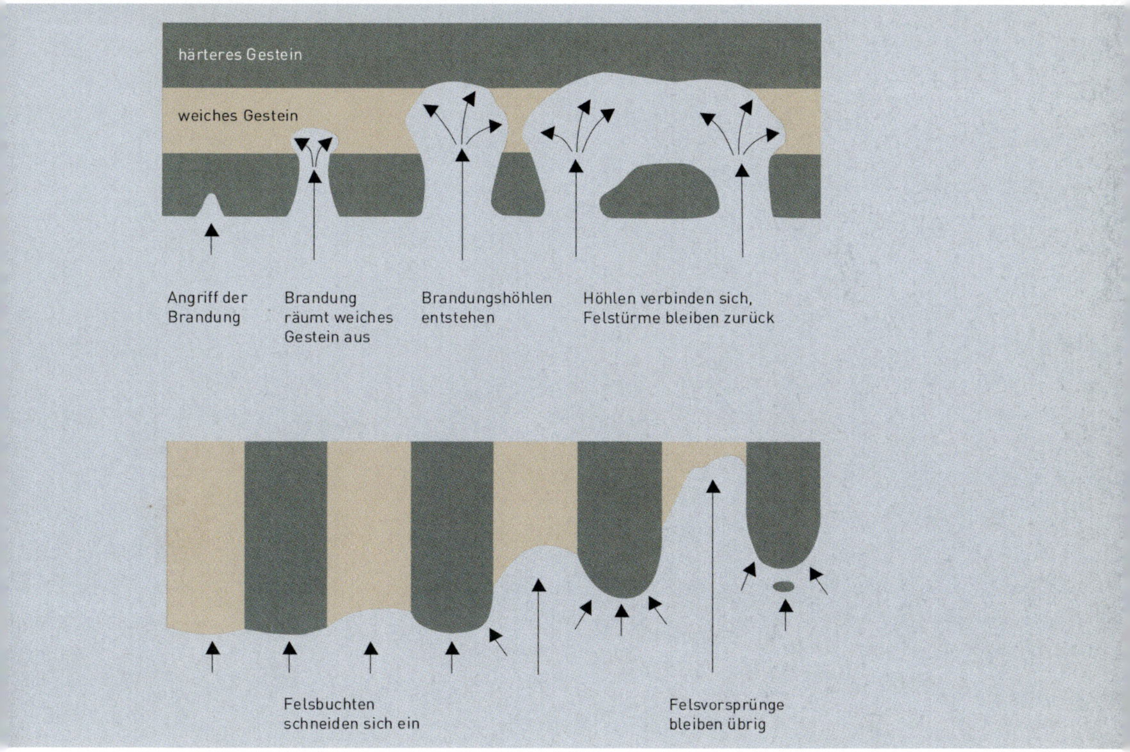

Oben: Beispiel einer natürlichen Hartbodenküste – hier auf Helgoland.

Unten: Morphogenese einer Kliffküste

Beobachtungstipp – Rundweg über den Klippen

Auf Helgoland gibt es einen etwa 3,5 km langen Klippenrundweg, der beim Leuchtturm auf dem Oberland beginnt. Wenn Sie ihn schon einmal rundherum gelaufen sind, so begehen Sie ihn beim zweiten Mal gegen den Uhrzeigersinn: Neue Aussichten tun sich Ihnen auf.

Wo hartes und einigermaßen dauerhaftes Material ansteht, sprechen die Meeresökologen von Hartboden- bzw. Hartsubstratküsten. Festgestein stellt eben ein spezielles Lebensraumangebot dar und bestimmt nachhaltig die Ansiedlung besonderer Lebensgemeinschaften. Menschliches Tun hat den Küsten weitere Hartbodensubstrate zugefügt. Hafenbauten mit ihren Molen aus schweren Steinblöcken oder die der Ufersicherung dienenden Wälle aus Beton-Tetrapoden sind sekundäre Hartsubstratbereiche. In den Niederlanden, wo es von Natur aus keine Hartbodenküste gibt, reihen sich heute in der Folge der umfangreichen Deich- und Ufersicherung mit Steinschüttungen auf weiten Strecken sozusagen sekundäre Felsküstenabschnitte.

Für die Lebensraumkennzeichnung der Meeresküsten ist folgende Beobachtung wichtig: Im Unterschied zu Acker, Garten, Feld und Wiese können sich die Pflanzen einer Felsküste nicht mit Wurzeln oder vergleichbaren Organen *im* Substrat verankern, sondern leben gleichsam oberflächlich *auf* dem Hartsubstrat. Daher spricht man hier von Epiflora und im Fall der auf den Felsen verankerten Tiere von Epifauna. Beide Besiedlungselemente sind – geradezu wider Erwarten – an einer Hartbodenküste außerordentlich **artenreich**. Das ist aber noch nicht alles. An Küsten mit relativ weichen Gesteinen kommen zahlreiche bohrende Arten vor, die sich eine zusagende Wohnung in das anstehende Hartsubstrat eintiefen. Neben der **«aufsässigen» Epiflora und Epifauna** gibt es hier also auch eine erstaunlich artenreiche Inflora und Infauna. Beispiele sind in das Gestein vertiefte Entwicklungsstadien mancher Grünalgen und vor allem Bohrschwämme, Bohrmuscheln sowie Bohrwürmer, die das Gestein äußerst erfolgreich wie ein Küchensieb löchern.

← Seepocken

149 ← «Alle sitzen lebenslänglich»

Weichbodenküste: locker, flockig, leicht beweglich

Zu den meist recht stabilen und die Zeiten einigermaßen langfristig überdauernden Felsklippen bietet eine Weichbodenküste einen denkbar herben Kontrast. Dieser Küstentyp besteht aus zusammengeschwemmtem Lockermaterial unterschiedlicher Herkunft. Auch an einer Weichbodenküste grenzt das Festland nicht so messerscharf an den Meeresstrand, wie es die Landkarte unterstellt. Zwischen diesen unterschiedlichen Welten liegt jeweils eine schmalere oder breitere Zone, die zwar zum Land

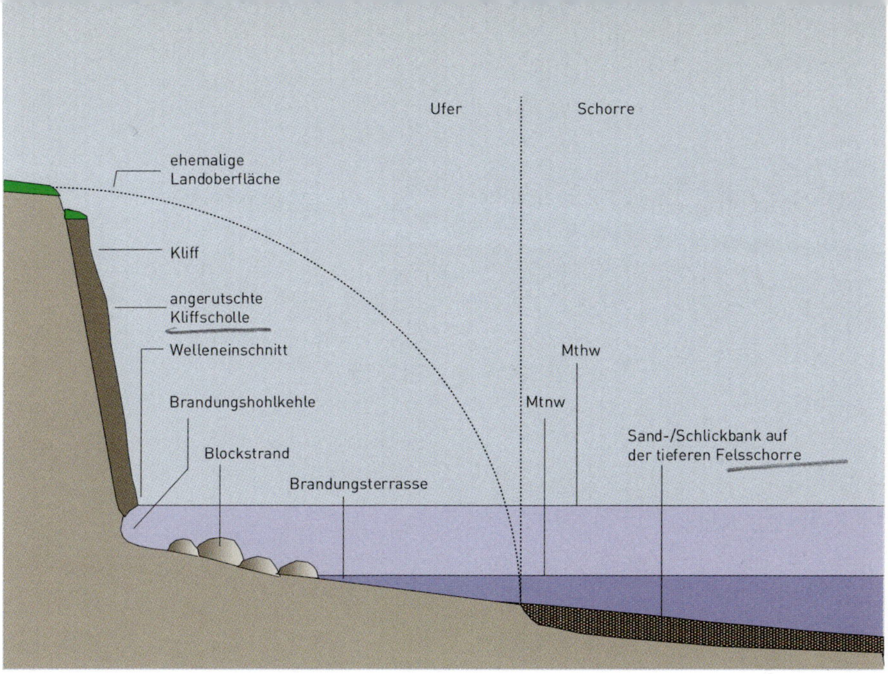

gehört, aber vom Meer nachhaltig geformt wird. Massenhaft schleppen die Gezeiten vom tieferen Meeresboden Sande unterschiedlicher Korngrößen heran, lagern sie in stillen Buchten ab oder ziehen sie zu kilometerlangen Stränden auseinander.

Heutiges Liefergebiet für den Sand der idealen Badestrände ist fast immer das angrenzende Meer. **Gezeitenströme** schleppen vor allem die recht feinkörnigen und leicht mobilen Bestandteile küstenwärts und deponieren sie am Strand. Indirekt ist der Strandsand an Nord- und Ostsee dagegen ein Erbe der zurückliegenden Eis- bzw. Kaltzeiten. Gletscherschub hat jahrhunderttausendelang das skandinavische Festland abgeschmirgelt und als Moränen über den gesamten nordeuropäischen Tieflandgürtel verteilt. Reißende Schmelzwasserströme der Nacheiszeit(en) haben die Lockermaterialien ausgeschwemmt und in Becken und Senken verlagert. Aus diesen gewaltigen Materialansammlungen bedienen sich heute die Meeresströmungen.

→26 «Im Rhythmus der Gezeiten»

Wenn Sie am Spätnachmittag Ihre Strandutensilien zusammenpacken und morgen früh erneut in Position bringen, werden Ihnen etwaige Veränderungen am Strand kaum auffallen. Zwar hat die letzte Flut die zahlreichen Fußspuren definitiv verwischt, die Strandburgen oder sonstige Kinderarchitektur unwiderruflich geschleift und vermutlich einen neuen Flutsaum aus diversem **Getreibsel** hinterlassen, aber sonst sieht alles (fast) so aus wie gestern. Dennoch ist der Strand ein hochgradig dynamisches Strukturgefüge, in dem sich ständig irgendwelche Veränderungen ereignen. Wenn man sie kennt, kann man die buchstäblich mitreißende Geodynamik einer Weichbodenküste selbst im Tagesgang direkt miterleben.

→134 «Schätze vom Wellensaum»

Entstehung eines Kliffs

Gewöhnlich bleibt der Sand nicht einfach dort liegen, wo ihn die Gezeitenströme oder die anbrandenden Wellenzüge deponiert haben. Je nach Materialverfügbarkeit geht ein Sandstrand landwärts oft in Dünenserien über. Dünen sind zwar vom Meer abhängige und von ihm nachhaltig geformte Lebensräume, aber eigentlich keine marinen, sondern schon richtige festländische Biotope.

Salzmarschen und Salzwiesen

Abschnittweise ist der Weichboden an einer Küste zwar sehr feinkörnig, aber auch enorm schlickig – zumindest immer dann, wenn die Korngrößen im Sediment mehrheitlich bestimmte Mindestmaße unterschreiten. Als Sand gilt ein körniges Lockermaterial mit Korngrößendurchmessern von 2,0 (Grobsand) bis 0,2 mm (Feinsand). Gröberes Material bezeichnet man als Kies und noch Gröberes als Schotter. Am anderen Ende geht die Materialskalierung mit Silt (= Schluff) und Ton weiter (vgl. Tabelle S. 41). Der typische **Schlickboden** besteht demnach aus äußerst feinkörnigem Material, das sich den Füßen bzw. dem Schuhwerk als enorm zäh, klebrig (oder wie die Küstenbewohner sagen: fett) und anhänglich mitteilt. Die schlickigen Feinstteilchen haften auch deswegen so fest aneinander, weil sie zusätzlich mit organischen

46← «Weltweit einzigartiges Watt»

Beispiel einer natürlichen Weichbodenküste – hier ein Sandstrand

Stoffen angereichert sind. Reine Schlickböden, die man an ihrer bei Niedrigwasser glänzenden und ansonsten völlig unstrukturierten Oberfläche erkennt, sollte man unter keinen Umständen betreten. Schon nach wenigen Schritten gibt es beim besten Willen kein sicheres Vorwärtskommen mehr. Das Bild einer sanft modellierten Weichbodenküste ist somit auch im Fall eines Schlickwatts von der eher schroffen Felsküste grundverschieden. Dieser Typ Weichbodensubstrat weist erwartungsgemäß auch völlig andere Lebensgemeinschaften auf.

Von ganz grob bis extrem fein

Sediment	Korngrößendurchmesser in mm
Grobsand	0,6–2
Mittelsand	0,2–0,6
Feinsand	0,06–0,2
Grobsilt	0,02–0,06
Mittelsilt	0,006–0,02
Feinsilt	0,002–0,006
Ton/Schlamm	< 0,002

Alle aus der Anschlickung von Feinstteilchen in strömungsberuhigten Bereichen hervorgegangenen Küstensedimente bezeichnet man als Marschböden oder einfach als Marschen. Sofern sie im Gezeitenrhythmus regelmäßig vom Meerwasser überflutet werden, heißen sie auch Salz- oder Seemarschen. Im Unterschied zu den reinen Sandwatten tragen sie Serien ökologisch ungemein spannender Lebensgemeinschaften: Die Zonierungsfolge beginnt mit den Seegraswiesen nahe der Niedrigwasserlinie, umfasst das eigenartige Quellerwatt und endet mit den verschiedenen Pflanzengesellschaften der **Salzwiesen**. Abgedeichtes Marschland, das dem direkten Einfluss des Meeres entzogen ist, lässt sich nach mehrjähriger Aussüßung durch Regenfälle allmählich in landwirtschaftliche Nutzflächen umwandeln, wie man sie an der Nordseeküste binnendeichs fast überall vorfindet. In den Niederlanden nennt man solche Gebiete Polder, in Nordfriesland dagegen Koog bzw. Köge.

→121 «In der Salzwiese»

Fragen

- Auch in Buhnenpfählen und Treibholz können Sie millimeterweite Bohrlöcher entdecken. Von wem stammen sie?
- Was sind Ästuare?

208–209← Antworten

Ostseeküsten sind ein wenig anders

22← «Brackwassermeer Ostsee»

Wegen ihres im Vergleich zur Nordsee erdgeschichtlich völlig anderen Werdegangs und wegen des fehlenden Gezeitenregimes stellen sich die insgesamt etwa 7000 km langen **Ostseeküsten** folgerichtig auch landschaftlich ganz anders dar. Im Wesentlichen treten hier nur unterschiedliche Großlandschaften auf: Im Norden und Osten sind es Felsküsten mit Birken und Kiefern, oft auch durch Gletscherwirkung in unzählig viele rundrückige Inselchen (= Schären) zerlegt. Im Süden – etwa von Litauen bis Dänemark – sind es dagegen Sandküsten mit Nehrungen sowie mit

Salzwiese mit blühendem Strandflieder

Wald-Kiefern bewachsene Dünen. Die Steilufer, die meist von der Ostseebrandung angenagte Endmoränenanschnitte darstellen, tragen meist Buchenwälder.

Der Blick auf eine Karte bietet noch einen wichtigen Aspekt: Die Küste der südlichen Ostsee zeigt – im Unterschied zur **Nordseeküste** – einen betont geschwungenen, ziemlich buchtenreichen Verlauf. In der westlichen Ostsee von Schleswig bis Kiel nennt man sie Förden, was sprachlich mit den skandinavischen Fjorden verwandt ist. Von der Ostsee mehr oder weniger abgetrennte Buchten tragen eigene Namen, die so nur im Vorpommern und Pommern üblich sind: Die besonders flachen Meeresbuchten heißen gewöhnlich **Bodden** (z. B. Greifswalder Bodden). Eine Wiek ist dagegen eine kleine Bucht innerhalb der Bodden. Wieken unterscheiden sich von Bodden also nur in der Größe. Beide weisen ungefähr den Salzgehalt der Ostsee auf. Der Begriff Wiek stammt übrigens aus der (altgermanischen) Wikingersprache. Er taucht im isländischen Reykjavík (die «rauchende Bucht») ebenso auf wie in der Ortsbezeichnung Wyk auf Föhr.

→19 «Die Nordsee – ein Randmeeer vor unserer Tür»

→ Mecklenburgische Boddenlandschaft

Eine weitere Küstenformbezeichnung ist ebenfalls ausgesprochen ostseetypisch: Haffe sind Meeresbuchten, in die große Flüsse einmünden. Ihr **Salzgehalt** ist daher deutlich reduziert. Typische Beispiele sind das Stettiner Haff mit der Oder, das Frische Haff mit der Pregel (Polen) sowie das Kurische Haff mit der Memel (Russland/Litauen). Die regional üblichen Bezeichnungen stimmen jedoch nicht immer

→16 «Meerwasser ist ganz anders»

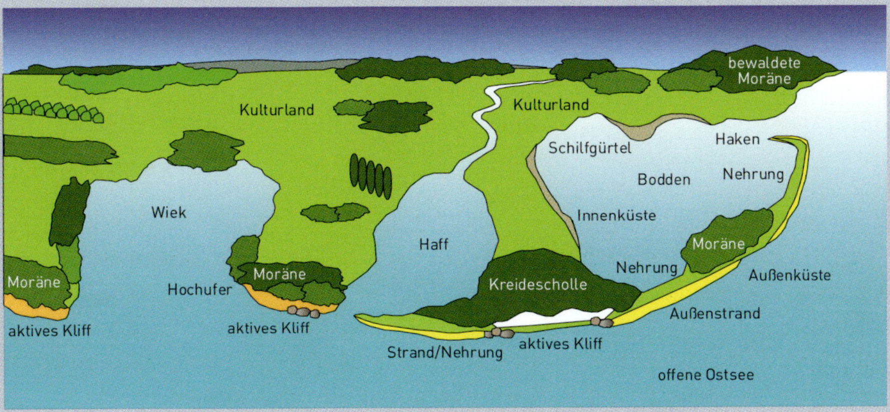

Landschaftselemente der Ostseeküste

mit den Lehrbuch-Definitionen überein. Abweichend davon besitzt beispielsweise das Salzhaff (östlich der Wismarbucht), keine größere Flusseinmündung. Auch das Wort Salz irritiert ein wenig, denn der Salzgehalt ist hier nicht höher als in der offenen Ostsee.

Generell fällt gerade an der südlichen Ostsee weithin der Küstentyp Ausgleichsküste auf. Die von den Gletscherzungen hinterlassene, ursprünglich girlandenartig geformte und deswegen betont buchtenreiche Küste ist unterdessen durch großräumige und massive Sedimentverlagerung zu einer ziemlich geraden Küstenlinie ausgeglichen worden. Die Entwicklung dieser Ausgleichsküste begann vor etwa 4000 Jahren, als der nacheiszeitliche Anstieg des Wasserspiegels mehr oder weniger zu Ende gekommen war. Wind- und wellenbedingte Strömungen transportieren den Sand entlang der Küste und lagern ihn im Lee von Hügeln oder Vorsprüngen wieder ab. Im Gebiet der deutschen Ostseeküste ist der Küstenausgleich bis heute nicht abgeschlossen.

Auf diese Weise entstanden die Bodden und Buchten der mecklenburg-vorpommerschen Ostseeküste, beispielhaft erlebbar auf der Insel Rügen. Als das Wasser dieses Gebiet noch nicht erreicht hatte, befand sich hier eine hügelige Landschaft. Mit der Überflutung bildeten sich einzelne Inseln, die heute als Wittow, Jasmund, Zudar und Mönchgut auf jeder Karte eingetragen sind. Nun setzte der oben beschrie-

Buhnen an der Ostseeküste

bene Küstenausgleich an: Strömungen und Wellen setzten den exponierten Hügelseiten zu und trugen Material ab. Der Feinsand wurde mit dem küstenparallelen Strom verfrachtet, während das Grobmaterial liegen blieb. Allmählich wurden die großen Buchten zur Ostsee abgeriegelt, sodass innere Küstengewässer entstanden, die man in Vorpommern als Bodden bezeichnet. Gleichzeitig bildeten sich schmale, nehrungsartige Verbindungen zwischen den Inselkernen.

Bekannte und im Kartenbild auffallende Beispiele bietet unter anderem die aus vielen Einzelteilen erst in der Nacheiszeit zusammengewachsene Insel Rügen. Schaabe, Schmale Heide und Großer Strand sind hier typische jüngere Nehrungen, die ältere Inselkerne miteinander verbinden. Bei ausreichend anhaltender Zufuhr von Sand werden an langen Stränden auch Dünen aufgeschichtet. Vor Ort kann man diese unterschiedlichen Bauteile der Ostseeküste kaum erkennen, weil Bewuchs und Besiedlung die Grenzen längst verwischt haben. Die Kartenkonturen sprechen jedoch eine klare Sprache und lassen sofort erkennen, wie sich auch in geologisch kurzen Zeiträumen das Bild der Küstenlandschaft nachhaltig verändert hat.

Eine Boddenlandschaft, wie sie an der Ostseeküste, zum Beispiel in Mecklenburg-Vorpommern vorkommt

Weltweit einzigartiges Watt

Zwischen dem Barriereinsel-Bogen der Nordsee und der eigentlichen Küste erstreckt sich von den Niederlanden bis nach Dänemark ein 5–20 km breites Watt – mit fast 7500 km^2 Fläche weltweit das größte zusammenhängende Wattgebiet und damit ein in dieser Größe und Ausdehnung absolut einzigartiges Lebensraumgefüge. Unter «Watt» versteht man das gesamte Auftauch- oder Wechselflutgebiet (Eulitoral) zwischen der Hoch- und Niedrigwasserlinie. Unter Wattenmeer versteht man dagegen zusätzlich einige Anteile des Sublitorals bis zur 10-m-Tiefenlinie. In einem Felswatt – beispielsweise rund um die Insel **Helgoland** – besteht der Wattboden aus festem Gestein. Beim Sand- oder Schlickwatt ist der Wattboden dagegen locker und weich. Im Wattenmeer verlagert sich während der Gezeiten der gesamte flache Wasserkörper über den Wattboden.

← Tierleben auf Helgoland

Schon seit Jahrhunderten schützen die Menschen an der Küste ihr Land mit Deichen. Früher galt hier der Deichbau in erster Linie der Landgewinnung, heute dagegen vor allem der **Küsten- und Landsicherung**. Da sich der Nordseeboden ständig absenkt und das Flutwasser entsprechend höher aufläuft, müssen die Deiche von Zeit zu Zeit erhöht werden. Damit die Sturmflutströme die künstlich aufgeschütteten Deiche bei nächster Gelegenheit nicht wieder abtragen, sind sie mit Gras bewachsen.

164← «Ein Besuch auf der Hallig»

Austernfischer auf Wattfläche

Etliche abgedeichte Gebiete liegen heute sogar viele Meter tief unter dem Meeresspiegel, in den Niederlanden beispielsweise der Flughafen Schiphol von Amsterdam um etwa 4,20 m unter NN. Die tiefste Stelle der Niederlande bei den Koordinaten 51° 59′ 13′′ N und 04° 38′ 09′′ O liegt sogar 6,76 m unter Normalnull. Ein sicheres und vor allem durchgängiges Deichsystem ist hier für die weithin tief liegenden Gebiete verständlicherweise eine Frage des Überlebens. Der tiefste landfeste Punkt in Deutschland ist übrigens die Wilstermarsch am rechten Elbufer – ohne Deich stünde das Nordseewasser hier 1,3 m hoch.

Wattdeutsch ist eine Fachsprache

Wattrinnen, über die sich das Meer bei Ebbe zurückzieht und bei Flut eventuell in Form reißender Ströme zurückkehrt, nennt man **Priele** oder Baljen. Aus der Luft sehen sie wie das fein verzweigte Geäst eines Baumes aus. Zwischen den Inseln sind sie wegen der erodierenden Wirkung der heftigen **Gezeitenströme** besonders tief und bilden hier unter anderem das Fahrwasser für die Schifffahrt zu den Küstenorten. In Nordfriesland nennt man sie Aue, Hever oder Tief. In Ostfriesland heißen sie dagegen Seegat oder Till. Den genauen Verlauf der Fahrrinne markieren in den Wattboden gerammte, oft mit besonderen Farbkennungen versehene Stangen oder unbezeichnete Birkenstämmchen, die Pricken. Wo der Ebb- oder Flutstrom über das Sandwatt oder das besonders feinkörnige Mischwatt streicht, bilden sich im Boden merkwürdige und fast wie moderne Grafik aussehende Formen aus, die ein wenig an verbogenes Wellblech oder an ein Waschbrett erinnern. Man nennt sie Rippelmarken oder Wellenfurchen.

→ Ebbe/Flut im Priel
→26 «Im Rhythmus der Gezeiten»

Lahnungsfelder dienen der Vorlandgewinnung.

Beobachtungstipp – Komplexes Geschehen

Rippelmarken entstehen durch komplizierte physikalische Wechselwirkungen zwischen bewegten Materialien von unterschiedlicher Dichte. Im Watt sind es das strömende Wasser und der wassergesättigte, halb feste Wattboden. Je nach Strömungsdynamik bauen sich hier höchst unterschiedliche, aber in jedem Fall außerordentlich fotogene Muster auf, die vor allem im schrägen Streiflicht am frühen Vor- oder späteren Nachmittag eindrucksvolle Bilder ergeben. Nur Wattflächen aus zähem Schlick, in denen die Stiefel garantiert und ganz unbarmherzig stecken bleiben, zeigen sich immer ziemlich flach bzw. glatt und dazu auch noch verdächtig glänzend.

Sandrippel verzaubern mit ihrer eigenartigen Ästhetik.

Ein klarer Fall: UNESCO-Weltnaturerbe

Nicht nur das Land, auch die Küsten Europas sind mit dem Einzug des Menschen auf den Subkontinent nachhaltig verändert worden. Trotzdem ist noch viel und vor allem viel Erhaltenswertes von der ursprünglichen Wildheit zu erkennen. Aus den verschiedensten Gründen – erfreulichen wie weniger erbaulichen – ist das Wattenmeer in den letzten Jahren wiederholt in die öffentliche Diskussion geraten. Einerseits ist der Erhalt dieses im globalen Maßstab einzigartigen und für wandernde Tierarten völlig unentbehrlichen Naturraums ein besonderes Anliegen von Natur- und Artenschutz, aber andererseits auch das Zielgebiet knallharter wirtschaftlicher Interessen. Immerhin stellt dieser einzigartige Lebensraum an den Küsten der südlichen Nordsee von Den Helder bis Esbjerg neben den Zentral-Alpen die letzte weitgehend naturbelassene Großlandschaft in Mitteleuropa dar. Es ist deshalb nicht verwunderlich, dass diese Region auch eines der beliebtesten Urlaubsziele in Deutschland ist, womit mancherlei Probleme für den **Naturraum Wattenmeer** entstehen. Neben dem Massentourismus gefährden das Wattenmeer nach wie vor die Schadstoffbelastung der Nordsee, Ölbohrungen, Tiefflugübungen des Militärs sowie die Fischerei. Eindeichungsprojekte sind seit geraumer Zeit zum Glück kein Thema mehr, nachdem mit der Abdeichung der Nordstrander Bucht zum Beltringharder Koog (abgeschlossen 1987) das letzte genehmigungsfähige Großprojekt dieser Art abgewickelt wurde. Die Insel Nordstrand wurde dadurch wieder zur Halbinsel und somit Bestandteil landfesten Gebietes, was sie vor rund 700 Jahren schon einmal war. Heute versteht man in den Nordsee-Anrainerstaaten selbst auf höchster politischer Ebene die vorrangige Schutzwürdigkeit der Wattengebiete. Aus dieser Einsicht wurden die deutschen Wattenmeergebiete nach mehreren vergeblichen Anläufen erst zwischen 1985 und 1990 zu Nationalparks erklärt. Sie sind heute zugleich Bestandteil des Verbundsystems «Nationales Naturerbe». Die Einzigartigkeit des **Wattenmeers** wird aber auch international anerkannt – beispielsweise durch die Auszeichnung als UNESCO-Welterbe, die ihm 2009 resp. 2011 auf Antrag der Niederlande und Deutschlands ausgesprochen wurde. Eine hohe Auszeichnung, die zugleich Auftrag und Verpflichtung ist.

→ Vögel im Wattenmeer

→113 «Auf Wattwanderung»

Wattenmeer-Nationalparks

Nationalpark	Gründung	Größe (km²)
Niedersächsisches Wattenmeer	01.01.1986	3460
Hamburgisches Wattenmeer	09.04.1990	138
Schleswig-Holsteinisches Wattenmeer	01.10.1985	4410

In den Küsten-Nationalparks Deutschlands darf sich die Natur großflächig und nach ihren eigenen Gesetzen entwickeln, ohne dass der Mensch lenkend oder verändernd in dieses dynamische Geschehen eingreift. Diese Gebiete dienen vor allem der ungestörten Entwicklung der natürlichen **Artenvielfalt** sowie ihrer Lebensräume, und zwar unabhängig von planbaren Zielen und Entwicklungen. So entsteht mittel- bis langfristig wieder echte Wildnis. Darüber hinaus leisten die Nationalparks auch einen wichtigen Beitrag zum sicheren Erhalt von gefährdeten und gar schon vom Aussterben bedrohten Arten.

127← «Vögel im Watt und am Strand»

Nationalparks sollen jedoch nicht nur die Natur und ihre eigene Dynamik schützen und unterstützen, sondern – soweit dies die Schutzzwecke zulassen – den Besucher auch bewusst erleben lassen, dass er selbst ein Teil der Natur ist und mit ihr sowie ihrer Existenz unmittelbar verbunden ist. Ein Besuch bedeutet für alle, die sich auf diese besondere und zugleich schonende Naturerfahrung einlassen wollen, nicht nur Entspannung und Erholung, sondern vor allem auch Inspiration und Teilhabe.

Primärdünen im Schleswig-Holsteinischen Nationalpark

Obwohl das Watt und das Wattenmeer als Nationalpark- bzw. UNESCO-Welterbegebiete vor allem der Natur den Vorrang lassen und ein großartiges Landschaftsgefüge bilden, stellen sie keine vom Menschen völlig unberührten oder unbeeinflussten Flächen dar. Überall ist das Wirken des Menschen zu spüren: Das Watt ist Wirtschaftsfläche, die Vorland-Salzwiesen werden beweidet, Inseln und Halligen sind besiedelt (vgl. S. 164) und unterliegen ebenfalls weithin der landwirtschaftlichen Nutzung. Im Rahmen der Schutzkonzepte muss es also darum gehen, das Miteinander von Mensch und Natur nachhaltig zu gestalten und im Einklang zu lassen. Auch wenn die kleine unbewohnte Hallig Norderoog im Bild oben mit ihren umfangreichen Faschinen und Lahnungen zur Anschlickung bzw. Vorlandsicherung die Spuren menschlicher Tätigkeit zeigt, darf man sie als kleines Naturparadies auffassen. Immerhin kann sich auch hier weithin die faszinierende Dynamik des Watts entfalten.

Norderoog, eine Hallig im Wattenmeer

Frühling

6
5
2
2
3
7
1
4

Wenn im Frühjahr die Tage länger werden, die Sonne einen größeren Bogen am Himmel schlägt und die Temperaturen steigen, wird es an der Küste laut: Dann beginnt die Brutzeit der Vögel. Die einsamen Felsenkliffe Helgolands, die einzigen Vogelfelsen der Nordsee, füllen sich binnen weniger Tage mit Heerscharen von Basstölpeln, Tordalken und Trottellummen, Dreizehenmöwen und Eissturmvögeln. Und auch an Stränden, in Dünen und auf Wiesen besetzen Möwen, Seeschwalben und andere Wat- und Küstenvögel ihre Brutreviere. Jetzt heißt es Abstand halten und Fernglas raus: Erlebnisreiche Tage an der Küste warten auf Sie!

Vogelgroßstadt Küstenfelsen

Lummenfelsen Helgoland

Tordalk

In den Wintermonaten liegt die rote Westklippe von **Helgoland** ziemlich eintönig und verlassen da. Allenfalls ein paar kleinere Scharen von Silber-, Herings- und Mantelmöwen und jede Menge Kormorane haben sich zum Ausruhen auf der vorgelagerten Westmole niedergelassen. Im März ändert sich das Bild gewaltig: Tausende Brutpaare von Dreizehenmöwen treffen innerhalb kurzer Zeit ein, dazu die höchst eigenartig, wie flugfähige Pinguine aussehenden Trottellummen und außerdem einige **Tordalken**-Paare. Bald gesellen sich auch viele Dutzend Brutpaare der überaus fluggewandten Basstölpel hinzu, und geübte Vogelbeobachter entdecken hier und da Paare des Eissturmvogels. Zusammen macht diese jetzt auch ziemlich lautstarke Brutbesatzung auf Helgoland viele Tausend Vögel aus – Tendenz übrigens steigend.

Deutschlands einziger Seevogelfels ist die Westklippe der Insel Helgoland.

Nur zum Brüten an Land

Die als Meeresvögel bzw. pelagisch bezeichneten Arten wie Lumme, Tordalk, **Papageientaucher**, Gryllteiste oder Krabbentaucher tragen ihren Namen zu Recht. Tatsächlich halten sie sich monatelang küstenfern auf hoher See auf. Nur zum Brüten suchen sie die Küsten des Festlandes oder der Inseln auf und ziehen dazu im zeitigen Frühjahr – entgegen dem üblichen Zugvogeltrend – nach Süden. Nach Erledigung des Brutgeschäftes ziehen sie schon im Hochsommer wieder in den Nordatlantik – in die Gewässer zwischen Grönland, Spitzbergen und Jan Mayen.

→91 «Wie man den Schnabel ganz voll nimmt»

Für die betreffenden Arten ist das Kolonienbrüten an steilen Felswänden eine besondere ökologische Herausforderung. Zwar sind solche exponierten Brutplätze gegen landseitig anrückende Bodenfeinde wie Marder und Füchse ziemlich gut gesichert, aber gegen Luftfeinde wie **Großmöwen**, Falken oder Seeadler nur schlecht zu verteidigen. Der Grund für die Nistplatzwahl an den gefährlichen Klippen ist vermutlich das bemerkenswert schwache Flugvermögen der Jungvögel. Die kleinen

→86 «Meisterflieger Möwe»

Basstölpel *(Morus bassanus)*

Lummen oder Tordalken schaffen mit ihren viel zu kurzen und aerodynamisch ungünstigen Flügeln einfach nicht den Start vom flachen Boden, sondern müssen sich vom Fels mit einem entschlossenen Sprung in die Tiefe stürzen, um genügend Anströmgeschwindigkeit unter die Flügel zu bekommen. Der Abgang der Jungvögel von den steilen Brutfelsen ist eine der besonders kritischen Phasen. Auf Helgoland nennt man ihn treffend «Lummensprung». Er bringt im besten Fall eine Landung auf dem Wasser, wo die Altvögel die weitere Versorgung so lange erledigen, bis Körpergewicht und Flugmuskelkraft im rechten Verhältnis stehen.

Der in der Vogelwelt einzigartige Lummensprung findet gewöhnlich Ende Juni in den Frühabendstunden statt und ist ein Spektakel, das sich auch viele naturbegeisterte Helgolandbesucher nicht entgehen lassen. Selbst bei einem Sprung aus über 30 m Höhe bleiben die Jungvögel unverletzt. Einerseits fangen die noch nicht vollends verknöcherten Skelettteile den Aufschlag in der Tiefe wirksam ab, andererseits fallen die Junglummen nicht gerade wie ein Stein vom Himmel: Mit heftigen Flatterbewegungen ihrer zugegebenermaßen noch nicht recht tauglichen Flügel verringern sie die Geschwindigkeit gegenüber dem freien Fall. Für die Mitarbeiter der Vogelwarte Helgoland bietet die Zeit des Lummensprungs die einzige Gelegenheit zur Beringung der Tiere. Dazu werden die Junglummen mit Netzen, die vor dem Lummenfelsen aufgespannt sind, kurzzeitig eingesammelt.

Brutplatz im Gedränge

Trottellumme

Die nur an Steilküsten brütenden Meeresvögel teilen untereinander den Brutraum artspezifisch auf. Eissturmvogel und Dreizehenmöwe sind ebenso wie **Trottellumme** und Tordalk ausgesprochene Klippenbrüter. Originell erscheint dagegen die Nistplatzwahl des Papageientauchers – er richtet sich generell in selbst gegrabenen Erdhöhlen an grasig bewachsenen Hängen ein oder wird Nachmieter von Kaninchenbauten.

Besondere Anforderungen stellen sich den Meeresvögeln am Brutplatz, in den großen oder bisweilen sogar riesigen Brutkolonien zum Beispiel schon allein bei der Frage der Nahorientierung. Unter Tausenden oder gar noch mehr Artgenossen, die in der Kolonie auf Schnabelreichweite dicht gedrängt nebeneinandersitzen, muss der vom Beutefang zurückkehrende Altvogel zuverlässig seinen individuellen Nistplatz finden. Ein sicherlich hoch präzise arbeitender Ortssinn wirkt dabei offenbar mit dem trennscharfen Gehör zusammen, um im chaotischen Stimmengewirr den zugehörigen Partner bzw. die eigenen Jungen zu orten. Wie diese beeindruckende Orientierungsleistung tatsächlich funktioniert, bleibt vorerst ungeklärt. Erwiesenermaßen füttern die zurückkehrenden Altvögel auch in einer Riesenkolonie nicht beliebige Jungtiere, sondern ausschließlich die eigene Brut.

Arten, die an weniger exponierten Positionen nisten, benötigen keine besonderen Anpassungen an den Brutplatz. Dagegen müssen sich die Felssims-Spezialisten sehr genau auf die schwierigen Ortsverhältnisse einstellen. Die Küken von Dreizehenmöwen oder Lummen dürfen keinen besonderen Erkundungsdrang entwickeln, weil schon die nächste Handbreite Horizontaldistanz in den Abgrund führt. Vielmehr müssen sie während der Abwesenheit der Altvögel fast unbeweglich an Ort und Stelle verweilen. Sie sind damit notwendigerweise extreme Nesthocker.

Beobachtungstipp – Lummen und andere Alken

In Deutschland kann man Lummen und Tordalken nur auf Helgoland, ansonsten in Nordfrankreich und Südengland sowie an wenigen Stellen in der Ostsee (beispielsweise auf einer kleinen Felseninsel östlich von Bornholm) beobachten. Machen Sie dazu im Frühjahr einen Rundgang und nehmen Sie ein Fernglas mit.

Alle Alken fallen durch ihre raschen Flügelschläge auf. Elegante Segler wie die Eissturmvögel oder die Basstölpel sind sie nicht. Interessant sind ihre Landemanöver an der steilen Klippe: Aus dem Horizontalflug richten sie sich mit weit vorgestreckten Füßen elegant in die Senkrechte auf und vollziehen dann erst eine bewundernswerte Punktlandung. Das Futtergut für das einzige Küken besteht immer nur aus einem Fisch, der im Schnabel längs getragen wird. Sein Schwanz ragt meist noch ein wenig über die Schnabelspitze hinaus.

Trottellume *(Uria aalge)*

Nahrung nur aus dem Meer

Die echten Meeresvögel hätten sich nun das Meer gewiss nicht so erfolgreich als Nahrungsquelle erschließen können, wenn ihnen nicht besondere Anpassungen die Vorliebe für diesen Lebensraum zumindest erleichtert hätten. So benötigen sie vor allem ein möglichst wasserdichtes Gefieder, das auch in kalten Meeresgebieten längere Wasserkontakte erlaubt. Vogelfedern entstanden wohl überhaupt eher als Nässe- und Wärmeschutz, nicht in erster Linie als Flughilfe. Außerdem ist der Nahrungserwerb aus dem Meer nicht mit den üblichen Futtersammeltechniken der Landvögel zu bewerkstelligen. Der Luftwiderstand ist bei der Jagd nach bewegter Beute verhältnismäßig unbedeutend und erzwingt allenfalls Einschränkungen der Fluggeschwindigkeit. Dagegen setzt das Wasser dem Vogelkörper beim Schwimmen ebenso wie beim Tauchen einen spürbaren Widerstand entgegen und zwingt ihn sogar, die Auftriebswirkung durch besondere Bewegungen zu überlisten.

Eiderenten

Im Wesentlichen setzen die Seevögel bei der Nahrungssuche nur zwei unterschiedliche Techniken ein. Die Meerenten unternehmen ihre Tauchgänge zum erreichbaren Meeresboden jeweils küstennah aus der normalen Schwimmlage an der Wasseroberfläche: **Eider-**, Trauer- und Samt**enten** erreichen dabei ohne nennenswerten Aufwand durchaus 30 m Tauchtiefe. Ebenfalls aus der Schwimmlage

Dreizehenmöwen *(Rissa tridactyla)*
im Helgoländer Vogelfelsen

agieren die Alken, weil sie mit ihren kurzen, schmalen und sehr steifen Flügeln nach Pinguinmanier gleichsam unter Wasser fliegen.

Die andere Technik ist das Stoßtauchen. Basstölpel und Seeschwalben setzen bei ihren Jagdmanövern nacheinander Impuls, Schwerkraft und Auftrieb ein. Aus dem Flug stürzen sie sich mit angelegten Flügeln aus größerer Höhe nahezu senkrecht ins Wasser und tauchen dabei vergleichsweise tief ein. Soweit sie die angepeilte Beute nicht schon beim Eintauchen erfassen, erjagen sie sie auf dem Rückweg, denn jetzt trägt sie der Auftrieb beschleunigend nach oben. Besonders die **Basstölpel** sind darin erfolgreich. Mit ihrer raketenartig schlanken Körpergestalt tauchen sie tief ein und haben selbst bei 10 m Tauchtiefe noch genügend Chancen, Fische von unten her anzusteuern.

→ Basstölpel

Fragen

- Welche Form hat das Ei der Trottellummen?
- Welche Vogelart ist unter den Brutvögeln auf dem Lummenfelsen Helgolands am häufigsten?

→209 Antworten

Eissturmvogel *(Fulmarus glacialis)*

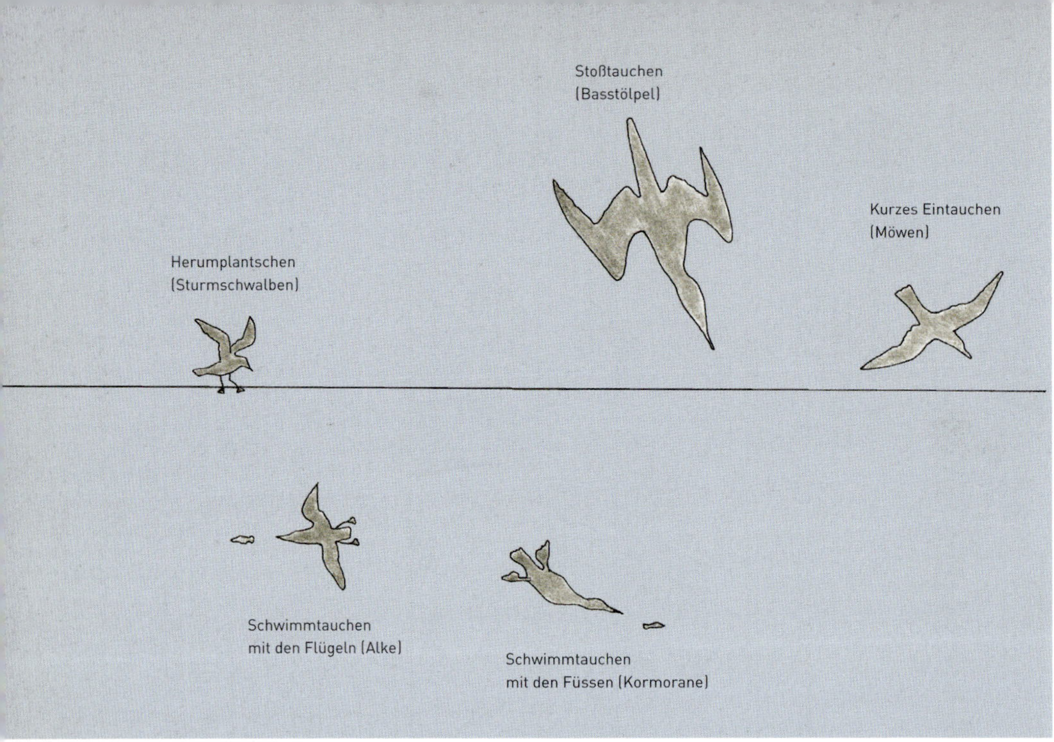

Jagdtechnik der Seevögel

Jagender Basstölpel *(Morus bassanus)*

Wälder unter Wasser

Algen stehen bei den Strandurlaubern zugegebenermaßen keineswegs weit oben auf der Beliebtheitsskala. Diese seltsamen Meeresgeschöpfe fühlen sich ziemlich glitschig an, wickeln sich beim Schwimmen um die Füße, sehen auch sonst irgendwie unheimlich aus und duften auch noch wie ein gammelndes Hafenbecken. Folglich findet man sie routinemäßig eher in der Kategorie «Strandprobleme» oder **«Umweltbelastung»**. Schade, denn die solchermaßen verfemten Meeresbewohner hätten sicherlich eine andere Beachtung verdient. Übrigens: Bereits am früheren Morgen sind Sie – vermutlich ohne es auch nur ahnen – mit diesen Meeresorganismen in engsten Kontakt getreten, und die Wahrscheinlichkeit ist groß, dass weitere Kontakte weit außerhalb des Meerwassers folgen. Doch erst einmal der Reihe nach.

→76 «Wenn die See schäumt»

Bei Ebbe wird im Felswatt der Tangbewuchs sichtbar.

Algen, Tange, Makrophyten

Vom heimischen Gartenteich kennen Sie die grünen, fädigen, sich wie frisch gewaschene Haare anfühlenden Algenbüschel, die eher als Übel gelten. Am Meer stellen sich die Artenensembles dagegen völlig anders dar. Wo als seitliche Begrenzung einer anmutig weit geschwungenen Sandbucht massiver Fels ansteht, liegt der typische Lebensraum der Tange.

Braunalgen bzw. -tange sehen irgendwie wie ein alternativer Pflanzenentwurf aus. Nichts an ihren unvertraut seltsamen Gestalten erinnert an eine typische Landpflanze. Eine richtige Wurze fehlt ihnen, und wenn sie ein wurzelartiges Basisorgan aufweisen, dient dieses lediglich der Verankerung am Gestein und nicht der Stoffaufnahme aus dem Boden. Blätter besitzen sie auch nicht. Stattdessen sehen sie aus wie verzweigte Schläuche oder Bänder und manchmal sogar wie heftig zerfetzte Plastikfolien. Auf jeden Fall sind sie erstaunlich stabil und sogar in beachtlichem Maße reißfest. Diese Eigenschaft ist im Zusammenhang mit ihrem Lebensraum zu sehen: Die meisten Braunalgen leben in einem durch Wellenschlag und **Brandung** heftig bewegten Ambiente, in dem es zeitweilig so zugeht wie in der Trommel einer Waschmaschine. Im stetigen Gezerre der Brandungswellen ein stocksteif starres Rückgrat zu entwickeln, wäre wohl völlig verfehlt. Tatsächlich sind die meisten Tange daher auf beachtliche Biegsamkeit bzw. Reißfestigkeit optimiert und können so fast jede mechanische Beanspruchung bestens ertragen.

190← «Wie das Meer am Festland nagt»

Die meist nur im Angespül zu findenden, weil in der Dauerflutzone siedelnden Großalgen, gehören überwiegend der Gattung *Laminaria* an.

Fingertang *(Laminaria digitata)* am Strand

Beobachtungstipp – Vielgestaltiges Tangband

Der Zuckertang ist an den deutschen Nordseeküsten die längste Tangart und kommt vor allem rund um Helgoland vor. Wenn man ihn in Südnorwegen oder in Nordwesteuropa am Strand findet, sieht er ein wenig anders aus: Helgoländer Exemplare sind vergleichsweise schmal und nur wenig gewellt, während die nord(west)europäischen viel breiter sind und auf der Fläche ein eigenartiges, in mehreren Reihen angelegtes Noppenmuster tragen. Diese Unterschiede haben natürlich Diskussionen zum Artstatus des Helgoländer **Zuckertangs** ausgelöst, die immer noch im Gange sind.

Vor allem in den Frühjahrswochen zwischen Februar und April kann man an diesen mehrjährigen Großalgen eindrucksvoll beobachten, wie sie eigentlich wachsen. Die Wachstumszone befindet sich exakt im Übergang vom stielartigen in den breit blattförmigen Abschnitt und zeigt sich meist heller bis gelblich braun. Diese Anfang März vielleicht gerade münzgroße Zone ersetzt bis etwa Ende Mai das gesamte große Blattorgan. Die dazu erforderlichen Wachstumsleistungen sind gigantisch: Die Laminarien und ihre Verwandten gehören zu den am raschesten wachsenden Organismen.

→ Zuckertang

Zuckertang – atlantische Form

Flexibel reagieren

Laminarien wachsen bevorzugt auf Hartsubstrat an brandungsoffenen Küstenabschnitten. Möglich wird diese Sonderanpassung durch besondere Zellwandbaustoffe, die so nur bei den Braunalgen vorkommen. Sie tragen den etwas einfallslosen Namen Alginat und bestehen aus langkettigen Kohlenhydraten, die es so bei anderen Pflanzen nicht gibt und die in der Zellwand die sonst übliche Zellulose ersetzen. Naturstoffchemiker haben die Bausteine dieser speziellen Polysaccharidketten natürlich bis ins Detail analysiert und dabei herausgefunden, dass sie überwiegend aus den Säurederivaten (Galacturonsäure und Guluronsäure) eher seltener Bauvarianten niedermolekularer Zucker bestehen. Diese Alginate lassen sich relativ einfach isolieren und als Pulver gewinnen.

Beobachtungstipp

Schauen Sie genau nach, wie die großen Algen an ihrer Wuchsunterlage befestigt sind. Sie haben verschiedene Möglichkeiten der Oberflächenanheftung entwickelt. Die Laminarien halten sich mit ihrer vielfach verzweigten Haftkralle an feinen Unebenheiten des Gesteins fest. Die Fucus-Arten (Spiral-, Blasen- und Sägetang) verankern sich dagegen mit einer breiten Haftscheibe, die einiges an Scher- und Zerrkräften erträgt. Versuchen Sie einmal, einen Fucus vom Gestein zu lösen...

Rhizoid und Cauloid von *Saccorhiza polyschides* aus der Nähe

Aus den wasserlöslichen Alginaten kann man nun Gele genau einstellbarer Steifigkeit (Viskosität) herstellen. Alginat-Zusätze sorgen beispielsweise dafür, dass die Zahnpasta so hübsch aus der Tube quillt – das war übrigens Ihr Erstkontakt mit den Brauntangen heute Morgen. Alginate finden sich auch in vielen Kosmetika wie etwa Duschgelen. Hier erhöhen sie die Kontaktzeit zwischen der Haut und den reinigenden Detergenzien, die nicht mit dem zweiten Duschstrahl schon wieder auf und davon sein sollten. Sogar der Druck dieser Buchseite kam mithilfe von Braunalgen-Zellwandstoffen zustande: Alginat-Zusatz in der Druckerschwärze sorgte zuverlässig dafür, dass die von der Druckwalze frisch aufgetragenen Buchstabenbilder im Papierbogen so konturscharf wie gewollt bleiben und nicht unkontrolliert unschön verlaufen.

Beobachtungstipp – Stiel-Übung

Versuchen Sie einmal, den Stielabschnitt eines angeschwemmten Exemplars einer der drei *Laminaria*-Arten durch Umbiegen zu brechen – es wird Ihnen kaum gelingen. Besonders fest sind die drehrunden Stielabschnitte (Cauloide) beim Palmentang. Sie fühlen sich außerdem ein wenig rau an und sind daher meist von Aufwuchsarten besiedelt. Die leicht zusammengedrückten Cauloide vom Fingertang sind dagegen völlig glatt und bleiben immer unbewachsen.

Fragen

- Was sind Tange?
- Was bewirken Alginat-Zusätze in Speiseeis und Sahnetorten?
- Gibt es Algen nur im Wasser?
- Welchen Organismen stehen die «Blaualgen» verwandschaftlich am nächsten?
- Können Algen wie Blumen blühen?

→209–210
Antworten

Wie funktioniert eine Muschel?

Gewöhnliche Sandschnecke

Dass Muscheln in die Verwandtschaftsgruppe von **Schnecken** und Kopffüßern (Tintenfischen) gehören, würden Sie sicherlich nicht auf den ersten Blick vermuten. Eine ihrer Gemeinsamkeiten im Bauplan ist die Schale, die bei den Muscheln (meist) zweiklappig und bei den Schnecken als einteiliges Gehäuse ausgebildet ist. Kopffüßer hingegen besitzen nur noch einen Innenschalenrest – den Schulp, bekannt als «Kalkstein» für Ziervögel, den Sie auch häufig im Angespül am Strand finden können.

Die leeren Schalenklappen der Muscheln, die Sie bei einem Spaziergang am Strand entdecken, stammen meist von Muschelarten, die sich im weichen Meeresboden eingraben. Anders die purpur- bis blauschwarzen Miesmuscheln mit der perlmuttrig weiß-blauen Innenseite: Sie besiedeln in großen Gruppen dicht an dicht die harten Oberflächen von Felsen, Steinen und Pfählen. Im Watt bilden sie sogar dichte Bänke aus vielen Tausend Tieren, die sandige oder schlickige Bereiche in kleine Felslandschaften verwandeln.

Oben: Am Meer häufig in großen Mengen zu finden: angespülte Muschelschalen

Rechts: Miesmuschelbank

Die Miesmuschelbank

Miesmuscheln *(Mytilus edulis)* beginnen, wie alle Muscheln, ihr Leben als winzige Larven, die frei im Wasser umherschwimmen. Sie suchen sich bald eine feste Unterlage, an der sie sich anheften können – das kann ein großer Stein oder auch eine einzelne Muschelschale sein. Zum Festheften scheidet die Miesmuschel an der Fußspitze ein dichtes Gespinst aus Byssusfäden aus, die in einer speziellen Drüse hergestellt werden. Diese Fäden haften so fest am Untergrund, dass selbst ein heftiger Herbststurm die Tiere nicht losreißen kann. Sie können ja einmal versuchen, eine Miesmuschel aus dem Verband zu ziehen – es wird Ihnen ohne Hilfsmittel nicht gelingen.

→ Miesmuscheln

Bald gesellen sich weitere Miesmuscheln hinzu und siedeln auf der Gründergeneration. So entstehen im Lauf der Zeit dichte Muschelkolonien, die immer größer werden, Bänder bilden und sich schließlich mit anderen Kolonien zu großen Verbänden vereinen. Die Miesmuscheln breiten sich in solch einem Verband nicht nur flächig, sondern auch in der Höhe aus und bilden mehrere Stockwerke übereinander. Etwa 2000 und mehr Muscheln pro Quadratmeter sind keine Seltenheit.

Beobachtungstipp – Das Heer der Ringe

Die feine Streifung, die man außen an den Schalenklappen einer Miesmuschel erkennen kann, sind die Zuwachszonen. Das Wachstum der Muschel beginnt also ganz oben im Bereich des Wirbels. Der aktuelle Zuwachs erfolgt unten am äußeren Rand.

Ein- und Austrittssipho der Miesmuscheln

Das runde stumpfe Ende der Schale ist das Hinterende, vorne läuft die Schalenklappe schmal zu. Das Schalenschloss ist bei der Miesmuschel eigenartigerweise ganz weit nach vorne verschoben.

Die harten Oberflächen der Miesmuschelkolonien bieten auch zahlreichen Tieren einen attraktiven Lebensraum, die sonst nur auf Felsen und Steinen leben. **Seepocken**, Polypen, Moostierchen gehören ebenso dazu wie verschiedene Algen. In den Spalten und Ritzen diese Muschelriffs finden Borstenwürmer, Flohkrebse, Meerasseln, Meeresschnecken und andere Lebewesen ausreichend Schutz und Jagdgründe.

→ Seepocken

Muscheln leiten ständig einen Wasserstrom durch ihren Körper. Dazu verwenden die meisten zwei lange Siphonen, durch die das Wasser wie durch Rohre ein- und wieder ausströmt. Den Miesmuscheln fehlen diese Siphonen, sie besitzen nur eine Ein- und eine Ausstromöffnung. Im Innern der Muscheln hängen die fein aufgefächerten Kiemen wie kleinmaschige Gardinen im Wasserstrom. Sie nehmen nicht nur Sauerstoff, sondern auch kleinste im Wasser schwebende Nahrungspartikeln aus dem Wasserstrom auf. Muscheln gehören damit zu den Filtrierern. Von den Kiemen gelangen die Nahrungspartikelchen wie auf einem Förderband zu den Mundlappen, an denen Fremdkörper aussortiert werden, und von dort aus weiter zur Mundöffnung.

Miesmuscheln siedeln sich auch dort an, wo sie bei Ebbe trockenfallen können. Ihnen macht das nichts aus. Sobald der Wasserstand sinkt, machen sie mit kräftigen Schließmuskeln die Schalenhälften ganz dicht. Dann kann ihnen zwar Wind, Sonne, Hitze und Trockenheit nichts anhaben, aber sie müssen wegen fehlender Atemwasser- und Nahrungszufuhr ihren Stoffwechsel absenken. Das sieht man den Miesmuscheln der Gezeitenzone an: Sie sind viel kleiner als die Artgenossen tieferer Wasserbereiche. Dennoch ist das Leben im Wechsel von nass und trocken vorteilhaft für die Miesmuscheln: Räuberische Seesterne, die Muschelschalen mühelos öffnen können, kommen dort nicht vor.

Noch mehr Muscheln

Die meisten Muschelarten graben sich in den Meeres- oder **Wattboden** ein. Diese können Sie zwar kaum sehen, aber spüren, etwa beim (barfüßigen) Spaziergang im schlickigen Watt. Nur die angespülten Muschelschalen (oder ein Gang durch eine gut sortierte Fischhalle) verraten ihre Vielfalt. Sie besitzen lange Siphonen, die bis zur Substratoberfläche reichen und die Versorgung mit Atemwasser und Nahrung sicherstellen.

→46 «Weltweit einzigartiges Watt»

Die bis zu 6 cm breiten Artemismuscheln *(Dosinia exoleta)* mit den fast runden, sehr kräftigen Schalenklappen graben sich tief in den Boden ein. Noch häufiger finden Sie die bunt gestreiften Schalenhälften der Baltischen Plattmuschel *(Macoma balthica)*, passenderweise auch Rote Bohne genannt. Die sehr kräftigen, hochgewölbten, gerippten Schalen der **Herzmuschel** *(Cerastoderma edule)* stecken stets

→ Herzmuschel

senkrecht im Sediment. In der Ostsee werden sie durch eine sehr ähnlich aussehende Art *(Cerastoderma glaucum)* ersetzt. Auffallend sind die bis zu 16 cm langen schwertförmigen Schwert- oder Scheidenmuscheln (*Ensis*-Arten), die sich mit ihrem Fuß senkrecht in den Boden eingraben.

Sandklaffmuscheln *(Mya arenaria)* sind die größten Muscheln unserer Küsten. Die bis zu 15 cm langen, kräftigen Schalen stecken bis zu 30 cm tief im Wattboden. Mit sehr langen Siphonen halten sie Kontakt zur Oberfläche.

Beobachtungstipps

› **Großmuscheln im Sediment:** Wo Sandklaffmuscheln eingegraben sind, können Sie bei einer Wanderung entdecken: Die Muscheln ziehen nämlich bei Erschütterungen rasch die Siphonen ein, wodurch das darin enthaltene Wasser herausspritzt. Da die erwachsenen Muscheln standorttreu sind, kommt es immer wieder bei lokalen Bodenverlagerungen zu Massensterben. Dann bleiben die Schalenhälften noch lange Zeit im Boden stecken – für Sie die Gelegenheit, Muscheln in ihrer natürlichen Lage zu erkunden.

› **Verbogene Raspel:** Finden Sie am Strand ein Paar dünnschalige weiße Muschelschalen mit gerundetem Vorderrand, die sich merkwürdigerweise nicht schließen lassen, sondern stets klaffen, dann haben Sie vermutlich eine Bohrmuschel entdeckt. Diese Muscheln bohren sich nicht in den weichen Boden, sondern in härtere Untergründe wie Ton oder Kreide ein.

Fragen

› In welchen Monaten sollten Sie keine frischen Muscheln verzehren?

› Womit sind die beiden Schalenklappen einer Muschel verbunden?

210← Antworten

Wohnen im Schneckenhaus: Aus dem Leben eines Einsiedler(krebse)s

Im **Angespül** am Strand finden Sie neben Muscheln auch viele Meeresschnecken, fälschlicherweise oft auch «Muscheln» genannt. Von Strandgutsammeln besonders begehrt sind die glänzenden Exemplare, die wie frisch geputzt aussehen. Doch meist haben Sie Pech, wenn Sie ein solch schönes Schneckengehäuse für Ihre Sammlung gewinnen möchten: Das Schneckenhaus bekommt förmlich Beine und eilt davon: Ein Einsiedlerkrebs *(Eupagurus bernhardus)* hat darin Quartier gemacht. Bei drohender Gefahr ziehen sich diese Krebse ganz in das schützende Gehäuse zurück. Dann verschließen die beiden Scheren die Öffnung. Fühlen sich Einsiedlerkrebse aber ungestört, so strecken sie ihren Kopf mit den zwei Antennenpaaren und den ungleich großen Scheren sowie ihre zwei Paar kräftig entwickelten Laufbeine aus dem Gehäuse heraus und laufen umher.

→134 «Schätze vom Wellensaum»

Zurückgezogene Lebensweise

Einsiedlerkrebse leben stets in Schneckenhäusern. Niemals können Sie einen ohne sein schützendes Gehäuse entdecken. Diese Krebse besitzen nämlich einen weichen, ungepanzerten Hinterleib, der ungeschützt ein begehrtes Fressen von **Möwen** und

→ →
Mantel-, Sturm- und Silbermöwe

Linke Seite: Herzmuschel *(Cerastoderma edule)*

Einsiedlerkrebs *(Eupagurus bernhardus)* in einem verlassenen Wellhornschnecken-Gehäuse

anderen Vögeln wäre. Allerdings wachsen Einsiedlerkrebse wie alle Krebse beständig und müssen sich, weil der Chitinpanzer nicht mitwachsen kann, von Zeit zu Zeit häuten. Dabei platzt der Panzer an Sollbruchstellen auf, und der Krebs zieht sich aus dem alten Panzer heraus. Dann «pumpt» sich der Krebs zu seiner neuen Größe auf. Nach zwei bis drei Tagen ist der schon gebildete neue Panzer ausgehärtet. In dieser Zeit ist ein Krebs ungeschützt – darum ziehen sich Krebse in dieser lebensgefährlichen Zeit in ein Versteck zurück – auch der **Einsiedlerkrebs**. Allerdings hat er noch eine Zusatzaufgabe zu lösen: Er muss vor der Häutung eine größere Wohnung finden. Das ist nicht so einfach. Der kleine Krebs begutachtet mit seinen langen Fühlern viele Gehäuse, dreht und wendet sie hin und her, bis er sich endlich entschieden hat. Dieses neue Haus seiner Wahl zieht er in ein geschütztes Versteck. Dort windet er langsam seinen weichen empfindlichen Hinterleib aus dem alten Schneckengehäuse heraus und steckt ihn blitzschnell rückwärts in das neue. Sein Hinterleib füllt die Windungen des Gehäuses aus, in dem er sich mit einigen borstigen Beinchen, die sich rund um den Hinterleib und an dessen Ende befinden, festhält. Einsiedlerkrebse ziehen mehrmals im Lauf ihres Lebens um. Manche stehen wohl auch auf ein modernes Zuhause: Es wurden schon Exemplare gefunden, die in kleinen Plastikbehältern wohnen.

→ Einsiedlerkrebs

Partner Stachelpolyp

Das Gehäuse mancher Einsiedlerkrebse sieht nicht glatt und glänzend aus, sondern stachelig. Das sind Kolonien von kleinen Stachelpolypen, die das Schneckengehäuse mit einem flachen Polster überziehen, aus dem Stacheln vorragen. Diese Symbiose hat für beide Partner Vorteile: Mit ihren giftigen Nesselkapseln bieten Stachelpolypen einen weiteren Schutz, während sie als sesshafte Tiere umhergetragen werden und so nicht von Sediment zugeschüttet werden können. Außerdem profitieren sie von den Mahlzeiten des Einsiedlerkrebses und fangen mit ihren Tentakeln kleine Nahrungspartikeln auf. Weil die Stachelpolypen das **Schneckengehäuse** an der Mündung vergrößern, kann der Einsiedlerkrebs auch länger in dem Gehäuse bleiben und muss nicht so häufig umziehen.

→175 «Aus dem Leben der Schnecken am Strand»

Frage

› Sind Einsiedlerkrebse Rechts- oder Linkshänder?

→210 Antwort

Einsiedlerkrebs *(Eupagurus bernhardus)*
ohne Behausung

Wenn die See schäumt

161←
«Von Wasser, Wind und Wellen»

Ein gerne fotografiertes und oft bestauntes Phänomen an der Meeresküste ist der heftig brodelnde und zischende Schaum einer donnernd überbrechenden **Welle**, die glucksend und langsam leiser werdend auf dem Strand ausläuft. Wie kommt diese eindrucksvolle Schaumschlägerei zustande? Sie rührt ganz einfach von den Detailabläufen in der Welle her. Wenn diese auf den Strand zuläuft, hat sie in geringer Wassertiefe Bodenberührung, wird dadurch merklich abgebremst und überholt sich in ihren oberen Partien gleichsam selbst. Dabei wird der je nach Wellenenergie steil aufgerichtete Wellenkamm zum Wasserfall. Im Augenblick des Überbrechens schließt er unter sich auf breiter Front eine gehörige Portion Luft ein, die beim Herunterklatschen zusätzlich komprimiert wird. Die heftigen

Massive Schaumbildung am Meer

Turbulenzen des brechenden Wellenkamms zerlegen den eingeschlossenen Luftzylinder sekundenschnell in zahllose kleinere Bläschen. Deren anschließendes kollektives Zerplatzen erzeugt das eindrucksvolle und mitunter erstaunlich laute Meeresrauschen.

Je kleiner die eingeschlossenen Luftbläschen sind, umso länger dauert es, bis sie ihren Inhalt an die Atmosphäre zurückgeben. Dieser seltsame Effekt hängt mit der enormen Oberflächenspannung des Wassers zusammen. Die erstaunliche Zähigkeit der Wasserhaut, die Eigenschaften der Phasengrenze Wasser/Luft, stabilisiert die relativ kleineren Bläschen deutlich wirksamer und viel länger als die großen Lufteinschlüsse. Modellhaft können Sie diesen Effekt auch in einem Glas mit lebhaft sprudelndem Mineralwasser beobachten – und auch hören. Das angenehm leise, aber unüberhörbare Platzen der vielen kleinen Gasbläschen vollzieht sich auch hier nach einer nicht ganz einfach zu überschauenden Physik.

Beobachtungstipp – Nagellöcher im Sandstrand?

Als aufmerksamem Strandgänger wird Ihnen vermutlich schon einmal aufgefallen sein, dass eine Unzahl feiner, kreisrunder Löcher von oft nur wenigen Millimetern Durchmesser den Feinsand ganz in der Nähe der Brandungslinie perforieren. Natürlich denkt man zunächst an die freigelegten Grabgänge von diversen Tieren aus der Unterwelt des Sandstrandes, aber die Vertreter der Sandlückenfauna sind allesamt wesentlich kleiner. Tatsächlich gehen die kreisrunden Sandstrandporen auf Wasser und die darin eingeschlossene Luft zurück. Wenn ein besonders heftiger und eventuell viele Tonnen schwerer Brecher ($1\,m^3$ Meerwasser wiegt etwas mehr als 1 t!) auf den Strand zurollt und schließlich beim Überbrechen donnernd aufläuft, übt er auf das wassergesättigte Feinsediment einen beträchtlichen Druck aus. Unter dem Aufprall der Wassermassen werden die Sandkörner dichter gepackt. Diese Aktion presst das zwischen ihnen befindliche Porenwasser (Interstitialwasser) zusammen mit den kleinen Luftpolstern aus. Dabei bilden sich überall Minifontänen, die man beim Auflaufen einer Brecherfront auch direkt beobachten kann.

Der Stoff, aus dem die Schäume sind

Hat sich die turbulente, zischende und blubbernde Front der auf den Strand langenden Wellenzungen einigermaßen beruhigt, erledigen sich bis zum nächsten Brecher auch die Schaumsäume. Mitunter ist der Schaum jedoch erstaunlich stabil und treibt in kleineren oder größeren Flocken längere Zeit an der Wasserlinie umher, fast so wie auf dem Wasserspiegel in der Badewanne. Fallweise sieht der Strand auch so aus, als habe er soeben die Havarie eines mit Spülmittel beladenen Tankers erleben müssen oder als sei eine Containerladung Waschpulver gestrandet. Die Ursache der Schaumbildung ist jedoch kein ungelöstes Abwasserproblem. Vielmehr hängen diese Schaumwelten unmittelbar mit der Tatsache zusammen, dass das Meerwasser mit Beginn der wärmeren Jahreszeit gewöhnlich nur so von **Planktonorganismen** wimmelt.

Planktonlebewesen

Die mikroskopisch kleinen Planktonlebewesen sind äußerst grazile und zarte Gestalten. Schweben und Driften in den Wasserkörpern ertragen sie ganz hervorragend, nicht aber die enorme mechanische Belastung der Brandung, die sie auf dem Strand buchstäblich zerdrückt und zerreibt. Aus Milliarden gestrandeter, zerfetzter und zerschlagener Zellen tritt nun der Zellinhalt aus. Den hochkomplexen Stoffmix des Zellplasmas kann man sich vereinfacht als Protein-Lösung vorstellen. Die turbulente Brandung geht damit um wie der Schneebesen mit dem mechanisch strapazierten Eiklar in der Rührschüssel. In beiden Fällen ist das Ergebnis ein recht stabiler Schaum.

Cyanophyceen-Wasserblüte

Ernst zu nehmendes Warnzeichen

An manchen Küsten tritt die auf zerschelltes Plankton zurückgehende Schaumbildung seit einiger Zeit vermehrt oder gar so heftig auf wie bei einer Schaumparty. Mit diesem besonderen Phänomen verraten sich dann recht auffällig die Algen- bzw. Planktonblüten. Natürlich können die mikroskopisch kleinen Algenzellen wie die

← Blaualgen

Cyanobakterien («Blaualgen»), die äußerst formschönen Kieselalgen oder die grazilen Panzergeißler nicht wirklich blühen wie die Geranien im Balkonkasten. Wenn sie jedoch mit enormer Massenentfaltung und Zelldichten von mehr als 10^6 Zellen im Milliliter auftreten, bestimmen sie viele Tage lang die Eigenfärbung des Wassers. Diese Erscheinung wird schon seit langer Zeit als Wasser- oder Algenblüte bezeichnet, und dieser Ausdruck ist sogar in die internationale Fachsprache übergegangen («algal blooms»).

Das alles ist im Prinzip ein völlig normales Geschehen. In manchen Jahren versinken die Strände an der Nordsee im Frühsommer stellenweise in meterhohen Schaumteppichen, und das gibt durchaus zu denken. Das Überangebot an Nährstoffen wie Phosphat und Nitrat aus Haushaltsabwässern oder aus der Landwirtschaft wirken sich im Meerwasser wie eine kräftige Düngung aus. Man spricht daher auch von Überdüngung oder Eutrophierung. Die Massenentwicklung und Überproduktion mancher Mikroalgen sind also letztlich ein ungelöstes Umweltproblem.

Vorsicht

- Algenblüten können buchstäblich den Badespaß trüben: Wenn Sie im knietiefen Wasser Ihre Füße nicht mehr erkennen können, sollten Sie an diesem Strandabschnitt auch nicht mehr baden!
- Kinder muss man von solchermaßen betroffenen Strandabschnitten auf jeden Fall fernhalten.
- Manche Phytoplankton- bzw. Algenblüten vor allem von Cyanobakterien (beispielsweise *Nodularia spumigena*) und Panzergeißlern (verschiedene Arten von *Amphidinium, Gymnodinium, Prorocentrum und Ptychodinium*) können hochwirksame Giftstoffe freisetzen. Die Folgen sind vielerlei Symptome von Augenbrennen, Hautausschlag bis Atemnot und Übelkeit. Algengifte sind auch für Meerestiere außerordentlich gefährlich.
- Über etwaige Problemlagen in den Küstengewässern kann man sich im Internet unter www.algenreport.de informieren.

Frage

210← Antwort

- Wie wird die Algenblüte auch noch bezeichnet?

Krabben frisch vom Kutter

Überall an den Küsten gehört die Fischerei zu den traditionellen Berufsfeldern. Zumindest in den kleineren Küstenorten prägen die an der Mole vertäuten, in lebhaften Farben getünchten Kutter das Bild des Hafenlebens. Mancher Küstenurlauber wird den einen oder anderen dieser Krabbenkutter auch schon einmal bei der Arbeit gesehen haben – mit breit ausgeschwenkten Baumkurren, die lange Grundnetze hinter sich her schleppen. Gewöhnlich folgen ihnen scharenweise die Möwen, denn wo das ausgelegte Fanggeschirr den Meeresboden durchpflügt, fällt auch für sie so mancher Leckerbissen ab. Noch an Bord wird der Fang sofort in **Meerwasser** gekocht und damit vorerst konserviert, denn er ist fangfrisch ein leicht verderbliches Gut. Frisch vom Kutter gekaufte Krabben sind gewiss eine Delikatesse. Der Direktverzehr ist allerdings ein wenig mühsam, weil man die verzehrbaren Teile erst einmal aus ihrer Chitinhülle lösen («auspulen») muss. Seit Jahrzehnten – und bislang vergebens – bemühen sich findige Ingenieure darum, eine zuverlässig funktionierende Krabbenpulmaschine zu entwickeln.

→89 «Wie Hummer erröten»

Krabben, Krebse und Garnelen

Was auf verschiedenen Vertriebs(um)wegen schließlich in die Küstengastronomie oder die Imbissbude an der Hafenmole gelangt und dann so appetitlich auf den Krabbenbrötchen aufgebahrt liegt, ist gar keine. Zoologisch versteht man unter einer Krabbe einen Zehnfußkrebs mit vier Laufbeinpaaren und einem Paar Greifscheren, dessen Hinterleibssegmente bauchwärts umgeschlagen sind wie bei der ungleich größeren Strandkrabbe und beim noch größeren Taschenkrebs. Die Kleinkrebse, die auf den Brötchen oder im Krabbencocktail enden, sind tatsächlich echte Langschwanzkrebse vom Bautyp **Hummer** oder Languste. Wenn sie noch lebend durch Strandpfützen flitzen, erkennt man sie meist gar nicht als solche. Viele Urlauber halten sie sogar für kleine Fische, denn sind sie beinahe sandfarben und somit vor gierigen Verfolgern prächtigst getarnt. Zudem verbergen sie sich gerne im Sediment und lassen nur Augen und Antennen aus dem Boden herausragen. Meist gehen sie erst in der Dunkelheit auf Nahrungssuche. Erst die kulinarische Weiterbehandlung durch Kochen bringt den endgültigen Farbumschlag zum rosafarbenen Shrimp.

→ Hummer

Die Krabbe vom Kutter heißt völlig korrekt Sandgarnele und wird auch Nordseegarnele, Strandgarnele, Granat oder Porre genannt. Sie ist an den ostatlantischen Sand- und Schlickküsten vom Weißen Meer bis Nordafrika verbreitet, mit kleinen Beständen auch in der westlichen Ostsee, im Mittelmeer und im Schwarzen Meer. Von den fünf Schreitbeinpaaren werden meist nur die letzten drei zum Gehen

eingesetzt. Das erste Beinpaar trägt keine Greif-, sondern eine kräftige Klappschere. Die sehr kleinen Scheren des zweiten Beinpaares und die zahlreichen Borsten dienen zum Putzen, beim Weibchen auch des Geleges. Der aus sieben Gliedern bestehende muskulöse Hinterleib (Pleon, Abdomen) trägt fünf Schwimmbeinpaare und einen breiten Schwanzfächer.

Immer noch ein wenig rätselhaft

Obwohl die Nordseegarnelen weithin bekannte Tiere sind, bleiben manche Fragen aus ihrer Biologie bislang ungelöst. Alle zum Verzehr angebotenen Nordsee«krabben» sind Weibchen, erkennbar an einem löffelartigen Anhang am ersten Pleopodenpaar. Das könnte mit der verwendeten Maschenweite der Fangnetze zusammenhängen, die kleinere Individuen zur Sicherung der Bestände einfach durchschlüpfen lässt. Vermutet wird aber auch, dass die Männchen, die am zweiten Schwimmbeinpaar einen Klammerfortsatz tragen, nach der ersten Laichperiode bei einer Länge von rund 4 cm ihr Geschlecht ändern und zu Weibchen werden. Die Details dieser Geschlechtsumwandlung sind überhaupt noch nicht näher bekannt. Auch ist völlig unklar, warum die Garnelenbestände nach besonders kalten Wintern viel üppiger ausfallen.

Bestens getarnt: Lebende Sandgarnele

Beobachtungstipp – Keine kleinen Fische

- Zur genaueren Beobachtung fängt man Sandgarnelen mit einem kleinen Kescher aus einem Strandpriel oder einer Strandpfütze. Dazu muss man den Kescher mehrfach nach allen Richtungen sehr rasch durch das Wasser bewegen, denn die Garnelen sind außerordentlich flink.
- Legen Sie unter ein Beobachtungsglas mit einer Sandgarnele je eine weiße, gelbe, rote oder schwarze Pappscheibe. Beobachten Sie etwa 10 min lang. Was stellen Sie fest?

Fragen

- Wie viele Eier entwickelt eine weibliche Sandgarnele?
- Wie viele Beine hat eine Sandgarnele?
- Warum sehen lebendige Sandgarnelen milchig weiß aus, nach dem Kochen aber rosarot?

→210–211
Antworten

Krabbenkutter mit ausgelegter Baumkurre

Kurzinformationen Frühling

Total belämmert

In der Küstenlandwirtschaft spielt die Beweidung von Deichen mit Schafen traditionell eine bedeutende Rolle. Intensive Schafbeweidung (3–6 Schafe/ha) der Deichflanken verbessert durch den Tritt der Tiere die Festigkeit des Bodens und verdichtet die Pflanzendecke – wünschenswerte Effekte, die im Interesse eines wirksamen Küstenschutzes sinnvoll und sogar erforderlich sind. Die Beweidung der von Salzpflanzen (Halophyten, vgl. S. 121–126) bestandenen Vorländer wandelt jedoch die artenreichen **Salzwiesen** selbst bei extensivem Betrieb (<3 Schafe/ha) in strukturarme und monotone Salzweiden um, in denen das Andelgras *(Puccinellia maritima)* dominiert und andere Salzpflanzenarten nicht über das Rosettenstadium hinauskommen. Die weitaus meisten Kennarten dieser Standorte sind dem ständigen Verbiss und der Trittbelastung durch die Weidetiere nicht gewachsen. Für den Küstenschutz erscheint die Vorlandbeweidung unnötig oder sogar nachteilig. Im Freilandversuch hat sich zudem vielfach bestätigt, dass die Sedimentationsleistungen einer durch permanenten Fraßdruck kurz geschorenen Salzwiese erheblich geringer ausfallen.

121← «In der Salzwiese»

Vierbeinige Mäher: Schafe auf dem Deich

Kleinkunst von der Küste

Dekorativ, dünnblättrig, feingliedrig, filigran und zarthäutig – so könnte man die zahlreichen kleineren Algen kennzeichnen, die der **Wellenschlag** ständig auf den Strand wirft. Obwohl sie bei den Küstenurlaubern nicht allzu beliebt sind, haben sie besondere ästhetische Qualitäten, die man in Form von Herbarblättern bewahren kann. Dazu geht man folgendermaßen vor:

→134 «Schätze vom Wellensaum»

- Die aufgesammelten Algen nicht lange in der Tüte liegen lassen, sondern möglichst rasch verarbeiten, weil sie sonst gammeln und dann wirklich unangenehm «duften».
- Eine Plastikwanne o. Ä. etwa halb mit Leitungswasser (!) füllen und eine Glasplatte schräg hineinlegen. Bogen Papier (ca. DIN A5) mit Bleistift beschriften (Artname der aufzuziehenden Alge, Sammelort, Sammeldatum), durch das Wasser ziehen und klatschnass auf die Glasplatte legen.
- Algen auf dem Aufziehpapier ausbreiten, dichtbuschige Exemplare etwas ausdünnen und mithilfe von Fingern, Pinzette, Präpariernadel oder Malpinsel so arrangieren, dass sich die einzelnen Äste möglichst nicht überlappen.
- Papierbogen auf der Platte schrittweise aus dem Wasser ziehen, überschüssiges Wasser über eine Ecke abtropfen lassen bzw. mit saugfähigem Papier (Küchentücher o. Ä.) abtrocknen und anschließend auf trockenes Zeitungspapier legen.
- Zarte, fädige Formen mit feinmaschiger Gaze (z. B. passend zugeschnittener Damenstrumpf) oder Baumwolltuchstück bedecken, damit sie nicht an der nächsten Lage Zeitungspapier kleben bleiben.
- Frisch aufgezogene Algenblätter und Zeitungspapierlagen mit Karton und Brett abdecken und unter Druck (Ziegelstein, Gewicht, anderer schwerer Gegenstand) wie beim Landpflanzenherbar pressen.
- Beim Pressen zieht die Feuchtigkeit in die trockenen Zwischenlagen; diese jeden Tag gegen neue austauschen, weil sich sonst Schimmel entwickeln kann.
- Die Herbarblätter sind fertig, wenn sie sich nicht mehr kühl anfühlen.

Meisterflieger Möwe

An Häfen und Stränden begegnen Ihnen die wenig scheuen Silbermöwen *(Larus argentatus)*, deren laute und eindringliche Schreie so typisch zur Nordsee- und Ostseekulisse gehören. Dass die bussardgroßen Silbermöwen an manchen Plätzen recht aufdringlich werden, trübt ein wenig die Faszination: Aber ihre Flugkünste sind einfach meisterhaft. Ihnen gelingen so gut wie alle möglichen Flugmanöver, vom Sturzflug bis zum Wenden auf der Stelle. Neben der Silbermöwe kommen an unseren Küsten neun weitere Möwenarten vor, die von Tauben- bis zu Adlergröße reichen und genauso gute Luftakrobaten sind. Häufig sind Lachmöwen (zur Brutzeit mit

schokoladenbraunem Kopf), an der Ostseeküste Sturmmöwen, die wie kleine Silbermöwen aussehen, aber gelbe Beine und dunkle Augen haben. Möwen sind Allesfresser. Dank ihres unverwüstlichen Magens können sie unbeschadet sogar verschimmelte oder verdorbene Nahrung zu sich nehmen. Sie besitzen spezielle Salzausscheidungsdrüsen, sodass sie auch **Meerwasser** trinken können. Halten Sie sich von brütenden Möwen und ihren Küken fern, denn Eindringlinge werden heftig angegriffen!

16← «Meerwasser ist ganz anders»

Silbermöwe *(Larus argentatus)*

Beobachtungstipp – Flügel und Füße

Eine Großmöwe als solche zu erkennen, ist selbst für Nichtornithologen kein Problem. Bei der weiteren Artdiagnose wird es dann schon ein wenig schwieriger. Wenn man einmal von den an unseren Küsten nur als seltene Irrgäste auftretenden hochnordischen Möwenarten (Eismöwe, Polarmöwe) absieht, helfen folgende Unterscheidungsmerkmale:

Art	Flügelfarbe	Bein-/Fußfarbe	Schnabelfarbe
Silbermöwe	silbergrau	graurosa	gelb mit rotem Fleck
Mantelmöwe	schwarzgrau	graurosa	gelb mit rotem Fleck
Heringsmöwe	schwarzgrau	gelb	gelb mit rotem Fleck
Sturmmöwe	silbergrau	gelb	gelb ohne roten Fleck
Dreizehenmöwe	silbergrau	schwarz	gelb ohne roten Fleck
Lachmöwe	silbergrau	rot	rot ohne roten Fleck

Schwierig ist allerdings die Artunterscheidung bei den Jungtieren von Silber-, Herings- und Mantelmöwe. Sie sind bräunlich gescheckt gefiedert und bekommen ihr arttypisches Adultfederkleid erst im dritten Lebensjahr.

→ Silbermöwe
→ Mantelmöwe
→ Heringsmöwe
→ Sturmmöwe
→ Dreizehenmöwe
→ Lachmöwe

Warum ist die Flunder flach?

Gastronomisch betrachtet, sind Flunder, Scholle und Seezunge ausgesprochen praktisch konstruierte Fische. Mit ihrer stark abgeflachten Körperform und der länglichen Kontur sind sie bemerkenswert servierfreundlich, denn sie passen nahezu ideal auf runde oder ovale Teller. Evolutions- bzw. entwicklungsbiologisch ist die eigenartige Gestalt jedoch sicherlich nicht küchentechnisch zu erklären.

12← «Meere, Küsten, festes Land»

In vielen Verwandtschaftsgruppen der Fische – im Süßwasser ebenso wie im **Lebensraum Meer** – gibt es Arten, die von vorne oder hinten betrachtet erstaunlich schlank und beinahe scheibenförmig aussehen. Sie sind, wie die Fischfachleute sagen, lateral abgeflacht. Zu diesen Gestalttypen gehören beispielsweise die hochrückigen Brassen. Bei anderen Fischen wie den Groppen und Knurrhähnen findet man dagegen eine betont von der Rücken- zur Bauchseite angelegte Abflachung und damit eher breit-oval bis dreieckige Körperquerschnitte. Solche Fische sind offenbar optimal für den Aufenthalt in Bauchlage am Gewässergrund konstruiert.

← Flunder

Und die sprichwörtlich flache **Flunder**? Sie ist zwar seitlich stark zusammengedrückt wie ein Scheibenfisch, lebt aber dennoch überwiegend am Meeresboden – und liegt dabei auf der Seite. Die treffenderweise auch so bezeichneten Plattfische ruhen also, wenn sie nicht gerade bei Dunkelheit zur Nahrungssuche unterwegs sind, in stabiler Seitenlage. Als Larven sehen sie eigentlich noch völlig normal aus und schwimmen gleichsam hochkant im Freiwasser. Erst wenn die am Anfang nur 3 mm lange Larve auf etwa 1 cm Länge herangewachsen ist, setzt die höchst eigenartige körperliche Umwandlung ein: Das linke Auge wandert über die Stirn bis gerade über die Scheitellinie auf die rechte Kopfflanke, wobei auch einige Umkonstruktionen der noch weichen Schädelknochen erfolgen.

Flunder *(Platichthys flesus)*

Wie Hummer erröten

So manche **Strandbar** knüpft an die spezifische Atmosphäre einer schummerigen Seemannskneipe an. Zu den unverzichtbaren maritimen Zitaten des Innendekors gehört außer Netzteilen, Fischerkugeln und ausrangierten Positionslampen auch mindestens ein knallroter Hummer aus Pappmaché oder PVC.

→81 «Krabben frisch vom Kutter»

Das markante Hummerrot ist eigentlich eine ziemlich morbide Farbe, denn sie entsteht erst während des qualvollen Hitzetodes des Tieres beim Kochvorgang. Der lebende Hummer, eine der größten Krebstierarten überhaupt, sieht völlig anders aus. Er zeigt je nach Körperpartie alle möglichen Schattierungen zwischen Tiefblau über Olivgrün zu diversen Ockerabstufungen. Farbgebendes Pigment ist beim lebenden wie beim gastronomisch gemeuchelten Hummer der Farbstoff Astaxanthin. Diese Verbindung weist enge strukturelle Ähnlichkeiten zum Orangerot der Mohrrübe auf, weswegen ihn die Fachsprache der Chemiker als 3,3'-Dihydroxy-β,β-caroten-4,4'-dion bezeichnet. Der Unterschied zwischen dem ursprünglichen dunklen Blau und dem postmortalen kräftigen Rot hängt mit der Art der Bindung der Farbstoffmoleküle vor und nach der Umwandlung zur Delikatesse zusammen. Die Astaxanthin-Moleküle sind im lebenden Tier paarweise gekreuzt und in einem käfigartig aufgebauten Protein-Gerüst gebunden. Während des Garens werden diese Proteinstrukturen im Chitinpanzer des **Hummers** temperaturabhängig und unumkehrbar in ihrem molekularen Design grundlegend verändert. Die freigesetzten Astaxanthin-Moleküle können jetzt nur noch den kurzwelligen blauen und grünen Teil des Spektrums absorbieren und zeigen den Hummer konsequent in seiner heftigen knallroten Leichenfarbe.

→ Hummer

Europäischer Hummer *(Homarus gammarus)*

Die schnellste Schnecke im Watt

Die Bezeichnung Schneckentempo drückt nicht gerade die allergrößte Hast aus. Das gilt natürlich auch für die auf Fels oder Weichsubstrat vorkommenden Arten, die gewöhnlich als gemächlich kriechende Weidegänger unterwegs sind. **Wattschnecken** *(Hydrobia ulvae)* sind mit etwa 5 mm Gehäusehöhe relativ klein und werden deswegen von vielen Küstenurlaubern erst gar nicht wahrgenommen. Dabei sind sie vor allem im Schlickwatt geradezu extrem zahlreich: Man hat schon über 500 000 Individuen/m² gezählt, aber die durchschnittlich zu erwartenden etwa 20 000 Tiere sind ja auch schon etwas.

75← «Aus dem Leben der Schnecke am Strand»

Wattschnecken sind eine ungemein wichtige Komponente im Nahrungsangebot für die zahlreichen **Watt- und Watvögel**. Wenn man im Spülsaum des Watts schaufelweise ihre leeren Gehäuse antrifft, handelt es sich meist um die Reste von Tieren, die durch einen Vogelmagen gewandert sind.

← Vögel an der Nordsee

Während einer Aktivitätsphase bewegen sich die Wattschnecken etwa 25 cm weit und hinterlassen dabei einer schmale, vielfach gewundene Spur. Mit solchen Aktionsradien kommt man natürlich nicht weit. Deshalb setzt *Hydrobia* als einzige Schneckenart im Wattenmeer eine gänzlich andere Technik ein: Die Tiere hängen sich – zuweilen unterstützt von einem kleinen Schleimband – an die Unterseite des Oberflächenhäutchens der Gezeitenwasserströme und lassen sich so kopfunter surfend in kurzer Zeit über weite Strecken verdriften. Ab Anfang Mai findet man junge Wattschnecken vor allem im oberen Gezeitenbereich. Ab Spätsommer suchen sie eher die mittlere und untere Gezeitenzone auf.

Wattschnecke *(Hydrobia ulvae)*

Brüten in der Unterwelt: Nachmieter im Kaninchenbau

Brandgänse *(Tadorna tadorna)*, wegen ihres Aussehens manchmal auch Brandenten genannt, haben sich einen ungewöhnlichen Ort für ihren Nachwuchs ausgesucht: Sie brüten in Kaninchenbauen, auch im dichten Gebüsch oder ausgespülten Höhlungen. Manchmal vertreiben die Brandgänse dazu sogar die Kaninchen aus ihrem Bau. Dort brütet das Weibchen einen Monat lang die 7–12 Eier in einem mit Federn und weichen Pflanzenteilen gepolsterten Nest aus. Die Versorgung der Küken übernehmen beide Eltern. Wegen des verborgenen Brutplatzes können sich auch die Weibchen ein buntes Gefieder leisten. Sie verlassen die Eier höchstens für eine Stunde täglich, um eilig im flachen Wasser Würmer, kleine Krebse, Schnecken oder **Muscheln** zu fressen. Die Brandgans-Männchen erkennt man an ihrem wulstigen Schnabelhöcker.

→ Brandgans

→68 «Wie funktioniert eine Muschel»

Beobachtungstipp – Zwischen Steinen gut getarnt

Ab Anfang Juni können Sie am Strand die Brandgänse mit ihren schwarz-weiß gemusterten und zwischen dem Strandgeröll bestens getarnten Küken beobachten. Am Strand haben es die Küken immer eilig: Meist halten sie sich auf dem Wasser auf, denn dort können sie bei drohender Gefahr einfach abtauchen, während sie am Strand schutzlos den Möwen ausgesetzt sind.

Wie man den Schnabel ganz voll nimmt

Verschiedene Schnabelformen, verschiedene Techniken des Fischfangs: Während Seeschwalben ihre Beute einzeln und meist quer im Schnabel transportieren, (was ihre sonst so perfekte Aerodynamik sichtlich beeinträchtigt), ziehen es Lummen vor, die Beute in Längslage zu befördern. Besonders extravagant ist aber die Jagdtechnik des **Papageientauchers**. Dieser nimmt wahrhaftig den Schnabel ganz voll – quer aufgereiht über die gesamte Schnabellänge jagt er so lange, bis er ein rundes Dutzend Sandaale oder andere kleine Schwarmfische beisammen hat. Spricht für enormes Jagdgeschick unter Wasser.

→56 «Vogelgroßstadt Küstenfelsen»

Aber wie fängt man den fünften Sandaal, wenn man schon vier im Schnabel trägt? Und wie kommt es, dass die erbeuteten Fische meist richtig schön sortiert sind – Köpfe links, Schwänze rechts oder umgekehrt? Es gibt viele vermeintlich banale Probleme in der Biologie, die bislang weitgehend oder gänzlich ungeklärt sind. Die Unterwasser-Jagdtechnik der überaus schmucken und anmutigen **Pagageitaucher** gehört mit Sicherheit dazu.

→ Papageientaucher

Tief im Schlick stecken

Das feinstkörnige Schlick- und untere Mischwatt ist der Lebensraum des Schlickkrebses *(Corophium volutator)*. Sein Körper ist jedoch im Gegensatz zu den üblichen Flohkrebsen nicht seitlich zusammengedrückt, sondern von der Rücken- zur Bauchflanke abgeflacht. Am Vorderende trägt er hinter den kurzen, als Taster eingesetzten ersten Antennen ein deutlich größeres zweites Antennenpaar. Bei den bis zu 9 mm langen Männchen ist dieses recht kräftig ausgebildet, bei den höchstens 6 mm langen Weibchen bleibt es kürzer.

Im Sediment legen die Schlickkrebse haarnadelartig gebogene und auch ebenso große Wohnröhren an. Die Siedlungsdichten sind beachtlich – bis zu 20 000 Individuen/m2 und gelegentlich noch mehr hat man schon gezählt. Durch Schlagen mit den hinteren Gliedmaßen erzeugen die Krebse in ihrer Wohnröhre einen ständigen Atemwasserstrom. Zur Nahrungsaufnahme harken die Krebse mit ihren langen zweiten Antennen organische Feinstteilchen auf dem **Wattboden** zusammen. Dadurch entstehen die charakteristischen sternförmigen Kratzspuren rund um den Röhreneingang.Von Mai–Oktober bringen die Schlickkrebse etwa drei oder vier Generationen hervor. Im Unterschied zu anderen Krebsen haben sie kein Larvenstadium. Vielmehr bleiben die Jungkrebse bis zum Erreichen der Geschlechstreife in der Wohnröhre des Weibchens und legen sich dann durch einen Querschlag eine eigene Röhrenwohnung an.

46← «Weltweit einzigartiges Watt»

Papageientaucher *(Fratercula arctica)* mit Sandaalen

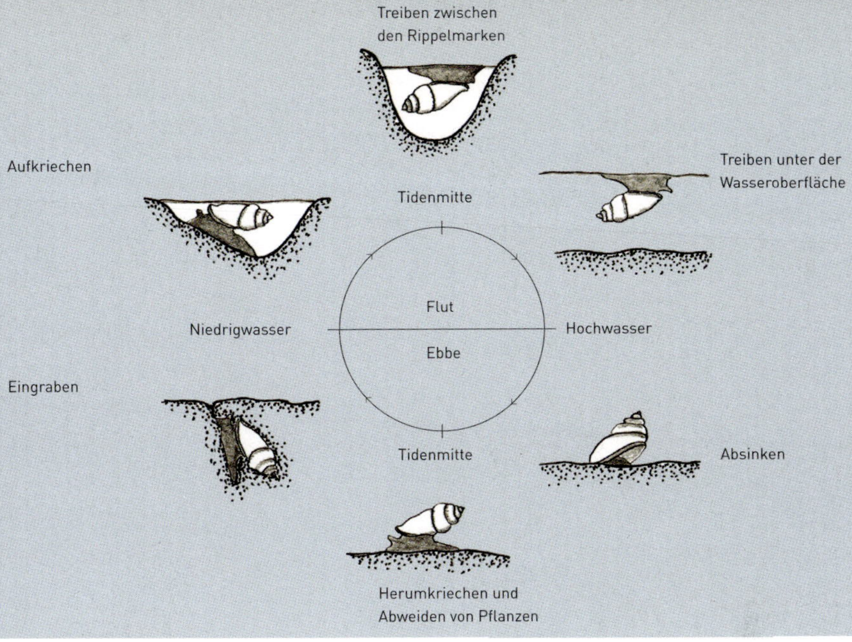

Beobachtungstipp – Wie das Watt knistert

- Eine **Wattwanderung** bei Niedrigwasser ist eine richtige Erholung – vor allem auch für die Ohren. Weil die Wasserlinie ganz weit draußen verläuft, entfällt jetzt das strandnahe Plätschern oder Rauschen der Wellen. Tosender Verkehr findet normalerweise ebenfalls zuverlässig außerhalb der Hörweite statt, und sogar die Scharen der Wat- und Wattvögel machen mit. Sie sind nämlich absolut geräuschlos mit ihrer Nahrungssuche beschäftigt.
- Jedoch: Sobald sich das Wasser bei Ebbe weit zurückgezogen hat und die glänzenden Wattflächen unter der Sonne liegen, vernimmt man überall am Rande des Schlickwatts ein leises, geheimnisvolles Knistern. Dieses geheimnisvolle «Wattknistern» sind tierische Laute. Urheber sind die nur wenige Millimeter langen Schlickkrebse. Bei Ebbe strecken sich die Tiere ein wenig aus ihren Wohnröhren und kratzen mit den Scheren gleichsam direkt vor ihrer Haustür feinste Nahrungspartikeln zusammen. Dabei zerplatzt jedes Mal ein feines Wasserhäutchen zwischen ihrem Brustpanzer und den Vorderbeinen – und ergibt in der Summe eine vielstimmige Knisterorgie.

→113 «Auf Wattwanderung»

Fragen

- Auf welcher Körperseite liegt eine Flunder?
- Was ist die Hauptnahrung der Sandgarnelen?

→211 Antworten

Aktivitäten der Wattschnecke *(Hydrobia ulvae)* während eines Gezeitenwechsels

Sommer

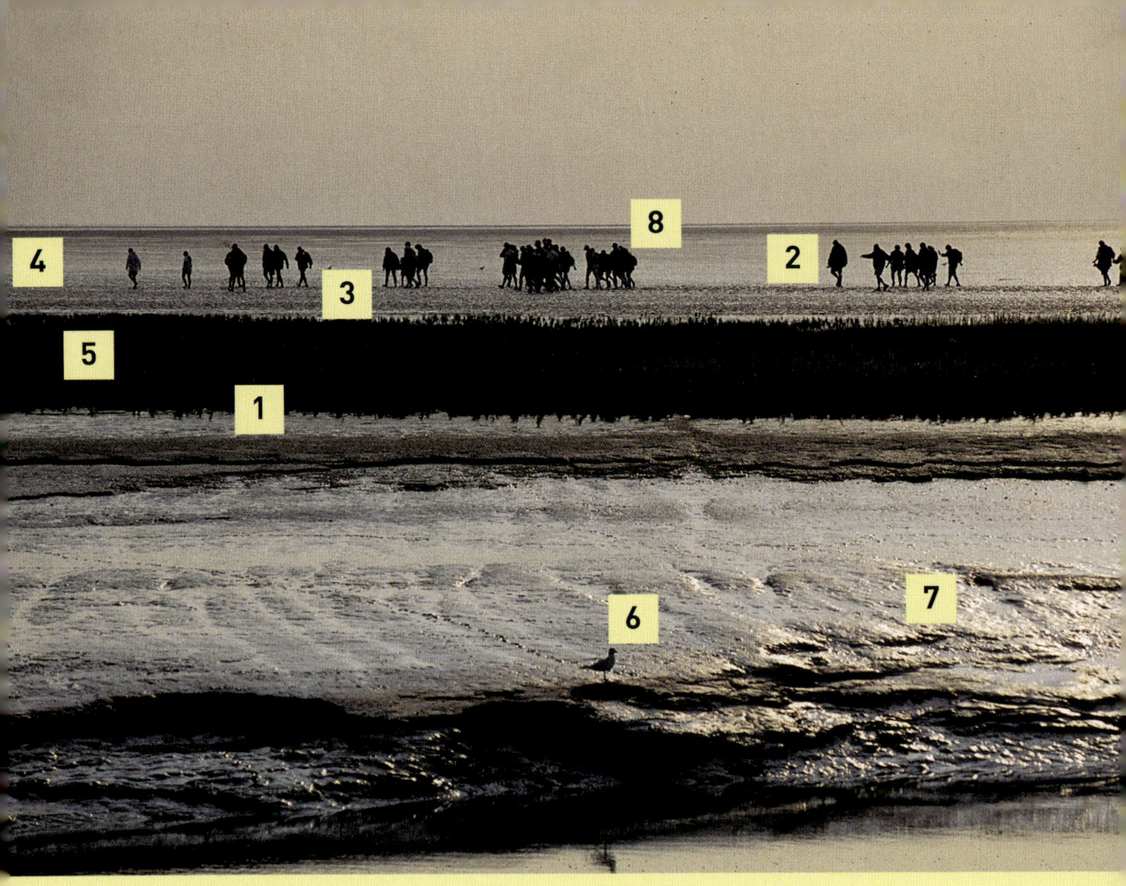
4
8
2
3
5
1
6
7

Sommer, Sonne, Sonnenschein – wo ist das besser zu erleben als an der Küste? Dort locken Sandstrände, die bis zum Horizont reichen, Exkursionen zu den größten Raubtieren Deutschlands, den Kegelrobben, und idyllische Dünenlandschaften, die so viel von ihrer Entstehungsgeschichte erzählen. Kleine und große Naturforscher können bei Ebbe in felsigen Tümpeln die Meeresbewohner ganz nah beobachten, und abends leuchten kleine Einzeller wie Sternenfunken im Meer. Beim langen Strandspaziergang warten angespülte Muscheln, Tintenfischschulpe, Wellhornschneckengelege und andere Naturfunde im Spülsaum auf Sie. Eine Wattwanderung lässt Sie eine ganz andere Küstenwelt erfahren. So schön ist der Sommer an der Küste!

Bewegt und bewegend – die Dünenlandschaften

Blauer Himmel, heiße Sonne, leichte Brise – mit einem erfrischenden Getränk in der Kühlbox am Strand liegen und die Ferien im feinkörnigen Sand genießen, ist jetzt zugegebenermaßen das absolut Größte. Irgendwann knirscht das geschätzte Sediment jedoch zwischen den Zähnen, und die Augen spüren es auch: Der tagsüber meist auflandig wehende Wind trocknet den Strand an der Oberfläche aus und hat dann mit den feinen Sandkörnern ein ziemlich leichtes Spiel. Tütenweise treibt jeder

Dünenlandschaft an der Nordseeküste

Windstoß die feinen Körner vor sich her und schüttet sie am oberen **Strand** in flachen, nur wenig auffälligen Wällen auf. Kaum sind solche schmächtigen Sandhügel aufgeschichtet, stellen sich auch schon die ersten Landpflanzen ein: Graugrüne Strand-Quecken siedeln sich an. Hier und da bildet ein Meersenf noch nahe am Spülsaum kleine, halbkugelige Gebüsche mit vielen tausend helllila Blüten. Außerdem teilen sich die meist etwas bleichgrünen Strandmieren den ausgesprochen windigen St(r)andort Vordüne, der sich zudem durch sehr lockere Verhältnisse auszeichnet.

→15
«Strand und Küste»

Beobachtungstipp – abstrakt und ästhetisch

- Nicht nur im feuchten Watt, auch am oberen Strand entwickeln sich zwischen den ersten Sandaufwehungen mitunter interessante Rippelmarken und andere Strömungsmuster, die vor allem im schrägen Streiflicht interessante Fotomotive hergeben. Auch kann man hier sehen, wie die Spitzen der langen und weit herabgebogenen Blätter der Dünengräser windbewegt geheimnisvolle Halb- oder Dreiviertelkreise in unterschiedlichem Abstand in den Sand eingravieren – vergängliche Dokumente wechselnder Windrichtungen und -geschwindigkeiten.
- Einzelne und schon kräftigere Grasbüschel, beispielsweise vom Strandhafer, betätigen sich zudem als wirksame Sandfänger: Im Lee eines Horstes entsteht jeweils ein windberuhigter Raum, hier sammeln sich die mobilen Sandkörner in kleinen Haufen an.

Stetig aufwärts

Die zunächst noch flachen Sandwälle wachsen – unterstützt durch die ersten angesiedelten Pflanzen – allmählich in die Höhe und bilden steilere Sandberge: So wird die noch wenig auffällige Vordüne zur steilkuppigen und schon imposanteren Weißdüne. Spezielle Gräser befestigen auf ihren Kämmen und Leelagen das lockere Machwerk – darunter der blaugrüne Strandroggen mit breiten, flachen Blättern und vor allem der Strandhafer mit schmalen, graugrünen, meist zusammengerollten Blättern.

121← «In der Salzwiese»

Sandrippelwatt – Geometrie in Serie

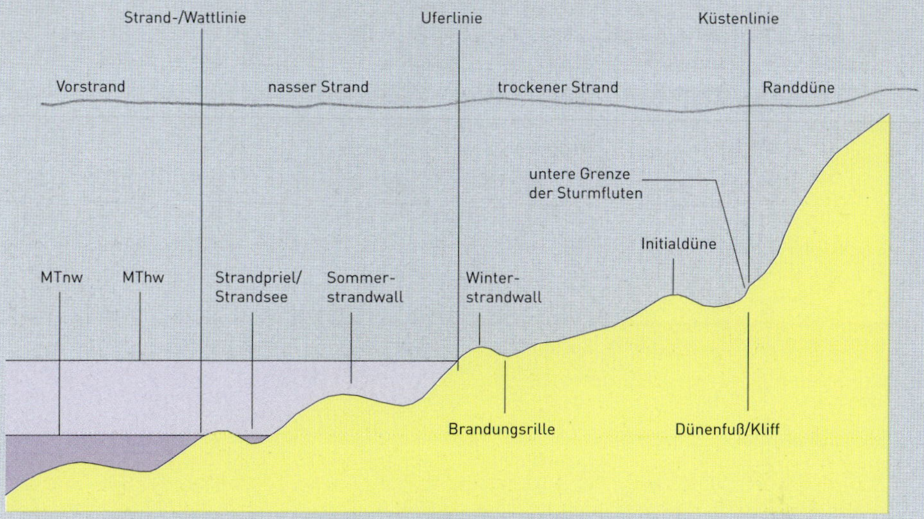

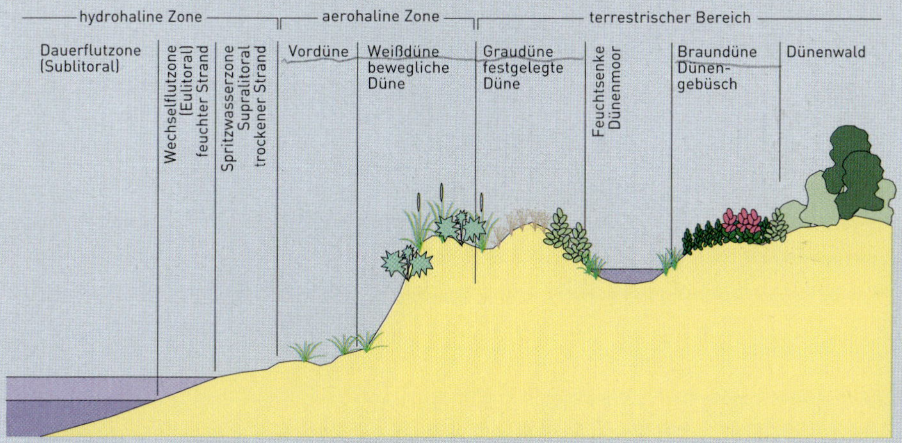

Gliederung einer Sandküste

Lebensgemeinschaft einer Düne

Beobachtungstipp – Hoch hinaus

Besonders eindrucksvolle Weißdünen kann man auf der Seeseite der west- und ostfriesischen Inseln erleben, in Nordfriesland vor allem auf Amrum und Sylt. Nördlich von Kampen befindet sich die Uwe-Düne, die mit 52 m höchste Düne der deutschen Nordseeküste. Im noch weiter nördlich gelegenen Listland ist eine rund 1 km lange und etwa 400 m breite große Wanderdüne unterwegs. Sie liegt mitten im ausgedehnten Naturschutzgebiet und kann nicht betreten werden. Am besten sieht man sie vom Fahrweg aus, der parallel zum Weststrand verläuft. Der heutige Sylter Ort List ist übrigens schon die dritte Gründung. Das erste List liegt ein paar Hundert Meter weit vor dem Weststrand in der Nordsee, das zweite haben die Wanderdünen des Listlandes übersandet.
Im Ostseeraum weist der Nationalpark Vorpommersche Boddenküste mit den beiden Halbinseln Zingst und Darß eindrucksvolle Dünenbildungen auf.

Die an vorderster Front stehenden Grashorste zeigen immer eine ausgeprägte Sturmfrisur. Obwohl der ständig auf sie einprasselnde Flugsand mit Sicherheit so zerstörerisch wirken müsste wie ein **Sandstrahlgebläse**, kann er den grünen Blättern wenig anhaben. Deren besonders dickhäutige Oberflächen (Epidermen) sind erstaunlich hart im Nehmen und daher erkennbar widerstandsfähig. Aber lassen Sie mal einen Tag lang Digitalkamera, Handy oder sonstige Amüsierelektronik im Flugsand liegen …

156← «Von Wasser, Wind und Wellen»

Der Standort der Dünengräser ist gewiss nicht unproblematisch. Die sandhelle Färbung zwischen den einzelnen Pflanzen verdeutlicht, dass der aufgewehte Sandboden noch keinen dunklen Humus angesammelt hat. Sicherlich ist hier auch das Wasserrückhaltevermögen nicht besonders ausgeprägt. Alle Dünengräser entwickeln deswegen ein sehr dichtes und erstaunlich weit reichendes Wurzelwerk mit erheblich größerer Biomasse, als es die wenigen Halme vermuten lassen. Das hat den zusätzlichen Effekt, dass sie die im Prinzip immer noch beweglichen Sandlockermassen allmählich wirksam festlegen.

Vorsicht – Schützen Sie die Dünen!

Schon die hellen Weißdünen schützen die Küste in besonderem Maße vor dem Meer. Diesen besonderen Effekt nutzt auch der technische Küstenschutz: Mit gezielten Anpflanzungen von geeigneten Dünengräsern (vor allem von Strandhafer) versucht man, Dünen auf Dauer festzulegen. Weil sie eine natürliche Barriere bilden, darf man sie verständlicherweise nicht betreten. Sandfangzäune oder andere Absperrungen muss man auf jeden Fall respektieren. Um den Zugang zum Strand dennoch zu ermöglichen, wurden an vielen Stellen Bohlenstege eingerichtet. Wilde Trampelpfade zerstören die Pflanzendecke, in der Folge könnten Windanrisse ungewollte Bewegung in die Düne bringen. Ihre Sandmassen würden sich dann weitflächig verlagern: Eine Wanderdüne ist zwar ein interessantes Naturphänomen, aber an den meisten Küsten nicht besonders erwünscht.

Echter Strandhafer *(Ammophila arenaria)*

Auch alte Dünen werden grau

In die Jahre gekommene Weißdünen werden grau, wenn sie von Wind oder Wetter nicht weiter gestört werden und sich normal entwickeln können. Sobald die Dünengräser den Sand gegen Verwehung wirksam schützen und dichtere Bestände aufgebaut haben, finden sich weitere Pflanzenarten ein – darunter Silbergras, Sand-

179← «Vom Strand zum Saftladen»

Segge, **Sanddorn** und Kriech-Weide. Jetzt kann sich in Jahren und Jahrzehnten aus deren Bestandsabfällen auch eine dünne Humushaut ansammeln, auf der sich auch Moose und Flechten ansiedeln. In der so deutlich gealterten Düne sieht man keinen blanken Sand mehr wie in der Weißdüne, und die Bodenfarbe wechselt sichtlich nach Grau.

Beobachtungstipp – Ährensache

Nicht alle schmalblättrigen Dünengräser sind auch tatsächlich echter Strandhafer. Ziemlich häufig findet man nämlich – vor allem in Anpflanzungen, die dem Küstenschutz dienen sollen – den Bastard-Strandhafer (× *Calammophila baltica).* Diese Form ist ein natürlich entstandener, fruchtbarer Bastard (×) aus dem Land-Reitgras *(Calamagrostis epigeios)* und dem Strandhafer *(Ammophila arenaria).* Seine Blätter sind 5–7 mm breit (beim Strandhafer bis 3 mm), starr, dunkelgrün, kaum gerollt, kahl und glatt. Das Blatthäutchen am oberen Ende des stängelumfassenden Blattteils ist höchstens 15 mm lang, beim echten Strandhafer um 25 mm. Beim Strandhafer läuft die einheitlich dichte Ährenrispe stumpf aus, beim Bastard ist sie dagegen gelappt und spitz.

Natürlich läuft man auch nicht einfach in einer Graudüne herum, auch wenn fatalerweise schon der eine oder andere Trampelpfad angelegt sein sollte. Von den offiziell vorgesehenen Dünenwegen aus kann man mit Sicherheit ebenso faszinierende Einblicke in die eigenartige Pflanzenwelt nehmen – und auch die Dünenfauna bestaunen. Hier und dort werden Sie zwischen den Dünenmoosen und -flechten eventuell eine Zauneidechse huschen sehen. Während der Fortpflanzungszeit ab Frühjahr imponieren die Männchen mit einem grünen Prachtkleid, während die Weibchen beim schlichteren Braungrau bleiben. Dünen sind natürlich auch Brutgebiet vieler

← Austernfischer, Sandregenpfeifer

Vogelarten. **Austernfischer**, Flussseeschwalbe, **Sandregenpfeifer**, fallweise auch Enten-Arten sowie Heidelerche, Wiesenpieper oder Schwarzkehlchen sind nicht so alltägliche Arten, mit denen man hier zuverlässig rechnen kann.

Rechts oben: Graudüne mit Silbergras *(Corynephorus canescens).*

Rechts unten: Braundüne mit Zwergsträuchern.

Braundünen sind Zwergstrauchheiden

Auf Dauer bleibt in unseren Breiten eigentlich kein potenzieller Standort gehölzfrei, wenn es die Bodenverhältnisse tatsächlich zulassen. Mit der graublättrigen Kriech-Weide haben sich in der gealterten Graudüne schon erste Pioniergehölze eingefunden, aber die Entwicklung geht noch weiter. Schließlich erobern Zwergsträucher wie Besenheide, Krähenbeere und weitere Vertreter der Heidekrautgewächse die Düne, womit ein deutlicher Aspektwechsel einhergeht: Die Graudüne wird zur ziemlich stabilen Braundüne (Tertiärdüne), die sich gewöhnlich als dichte und flächenweit deckende Zwergstrauchheide präsentiert. Eventuell siedeln sich auch Baumgehölze wie Wald-Kiefer, Stiel-Eiche und andere Arten an.

Achtung! – Vorsicht und Rücksicht

Dünengelände, und insbesondere die Braundünen mit ihren dichten Zwergstrauchheiden, sind – auch auf den Inseln – der Lebensraum der Kreuzotter. Bitte selbst in Wegnähe immer darauf achten, wohin man tritt oder fasst.

Vor allem die Kämme der Braundünen sind der bevorzugte Wuchsplatz der Dünen- oder Bibernell-Rose *(Rosa pimpinellifolia)* – einer kleinen, höchstens kniehoch werdenden Wildrose mit sehr großen, cremeweißen Blüten. Sie entwickelt im Spätsommer tiefschwarze kugelige Hagebutten. Oft bezeichnen die Küstenbewohner auch eine andere Art als Dünen-Rose, nämlich eine eingeführte und unterdessen überall entlang der Nord- und Ostseeküsten eingebürgerte Runzel- oder **Kartoffel-Rose** *(Rosa rugosa)*. Sie blüht entweder reinweiß oder kräftig pink und bringt bemerkenswert große und wohlschmeckende Hagebutten hervor. Für Windschutzpflanzungen im Siedlungsraum ist die Art bestens geeignet. Aber in der natürlichen Dünenvegetation verhält sie sich ziemlich invasiv und bereitet daher den Naturschützern eher Sorge.

Kartoffel-Rose

Achtung! Auf keinen Fall hineingehen!

Die besonders tiefen Senken zwischen den Kuppen der Braundünen, die gestreckten oder rundlichen Dünentälchen, sind oft betont feuchte Standorte, auf denen sich kleine Niedermoore entwickeln können. Hier kommen Pflanzen- und Tierarten vor, die man im eher als Trockenstandort eingeschätzten Dünengebiet vielleicht gar nicht erwartet. So ist hier beispielsweise die Kreuzkröte zu Hause. Der seltene Sumpf-Bärlapp wächst hier ebenso wie die eigenartige Mondraute oder der **Rundblättrige Sonnentau**. Dessen höchstens münzgroße, purpurrot überlaufene Blätter tragen zahlreiche haarartige Fangtentakel, die einen äußerst zähen Schleim absondern. In der Sonne glitzern die Schleimtropfen wie frischer Tau und werden von Kleininsekten für Nektar gehalten – ein tödlicher Irrtum, denn sie kommen von der ausgelegten Leimrute nicht mehr los und werden von der fleischfressenden Pflanze verspeist.

Wie alle Feuchtgebiete sind gerade die Dünenmoore außerordentlich trittempfindlich und müssen deswegen unbedingt eine klar abgeschiedene Welt bleiben. Ein leistungsstarkes Fernglas kann hier hervorragende Dienste leisten – bis hin zur genaueren Diagnose des letzten Sonnentau-Insektenmenüs.

→ Rundblättriger Sonnentau

Frage

› Durch welche Strategie sind alle Dünengräser übersandungsfest?

→211 Antwort

Kartoffelrose *(Rosa rugosa)*

Qualllen: Mit Schirm und Charme

Quallen oder Medusen, wie sie der Biologe nennt, sind scheibenförmige, gallertige Tiere, die sich im Meer mit den Wellen, Strömungen und dem Wind treiben lassen. Sie können sich zwar selbst von der Stelle bewegen, wenn sie ihren Schirm öffnen und schließen – aber gegen die Kraft von Wellenbewegungen und Meeresströmungen kommen sie nicht an. Darum gehören sie für die Wissenschaft trotz ihrer Größe von bis zu mehreren Metern zum Plankton. Mangels eigener Antriebsorgane werden Quallen besonders bei **Sturm** an die Küsten getrieben und stranden dann nicht selten. Die wasserreichen Körper trocknen an der Sonne rasch aus, sodass schließlich nur noch dünnhäutige Reste an die zuvor prächtigen Gestalten erinnern. Weil die giftigen Nesselzellen auch am toten Tier noch aktiv sein können, sollten Sie unbekannte Quallen nicht anfassen. Auch beim Baden sollten Sie besser das Wasser

116← «Von Wasser, Wind und Wellen»

Blaue Feuerqualle *(Cyanea lamarckii)*

verlassen, wenn gefährliche Quallen auftauchen. Ohren-, Wurzelmund- und **Kompassquallen** hingegen sind für uns Menschen ungefährlich. → Kompassqualle

Körperbau

Zusammen mit den verwandten **Polypen**, Seeanemonen und Korallen gehören die →149 «Alle sitzen lebenslänglich» Quallen zu den Nesseltieren. Ihre durchsichtigen Körper, die zu 99 % aus Wasser bestehen, ermöglichen sogar den Blick in ihr Inneres. In der Körpermitte befindet sich der blind endende Magen. Auf der Unterseite des Schirmes befindet sich die Mundöffnung, die bei vielen Arten von Mundlappen umgeben ist. Hier werden auch die unverdaulichen Reste wieder ausgespuckt. Ein einfaches ringförmiges Nervensystem koordiniert die Körperfunktionen. Lichtsinneszellen – bei manchen Quallen auch deutlich erkennbare Augen – und Schweresinneszellen ermöglichen ihnen die Orientierung im Wasser.

Am Schirmrand sind die Tentakel angeordnet, die arttypisch kurz oder lang, dick oder dünn sind. Bei der Portugiesischen Galeere können sie bis zu 50 m lang werden, bei der Ohrenqualle bilden sie nur einen kurzen, dichten Kranz. Die Tentakel dienen dem Beutefang und tragen dazu Nesselzellen: Eine einzige 10 m lange Tentakel einer Nesselqualle ist mit bis zu 700 000 hochexplosiven Nesselkapseln besetzt! Je nach Art und Beutespektrum sind die enthaltenen Nesselgifte unterschiedlich giftig. Verfängt sich die Beute (Larven aus dem Plankton, **Garnelen** oder Fische) in den Tentakeln, →81 «Krabben frisch vom Kutter» berührt sie dabei das Cnidocil unzähliger Nesselkapseln, die augenblicklich in einer Hunderttausendstelsekunde explodieren. Dabei stülpt sich das Innere der Nesselkapsel wie ein umgedrehter Handschuh aus – eine Pfeilspitze dringt in den Körper der Beute ein und injiziert einen mehrere Millimeter langen Faden, mit dem das Nesselgift eindringt und das Opfer zusätzlich fixiert. Das Gift lähmt oder tötet sofort, und die Tentakel befördern die Beute zur Mundöffnung, durch die sie in den Magenraum gelangt und verdaut wird.

Entwicklung

Auch die Geschlechtszellen sind deutlich sichtbar, bei der **Ohrenqualle** etwa im → Ohrenqualle Herbst als vier orangerote Verfärbungen. Sie stammen von den befruchteten Eiern, aus denen kleine Wimperlarven hervorgehen. Nach deren Freisetzung stirbt die Qualle. Die Larven schwimmen eine Weile im freien Wasser umher, setzen sich dann an Steinen oder Algen fest und entwickeln sich zu 1 cm langen festsitzenden Polypen. Im Frühjahr löst sich dieser Polyp in zahlreiche Scheiben auf, die als kleine Jungquallen davonschwimmen.

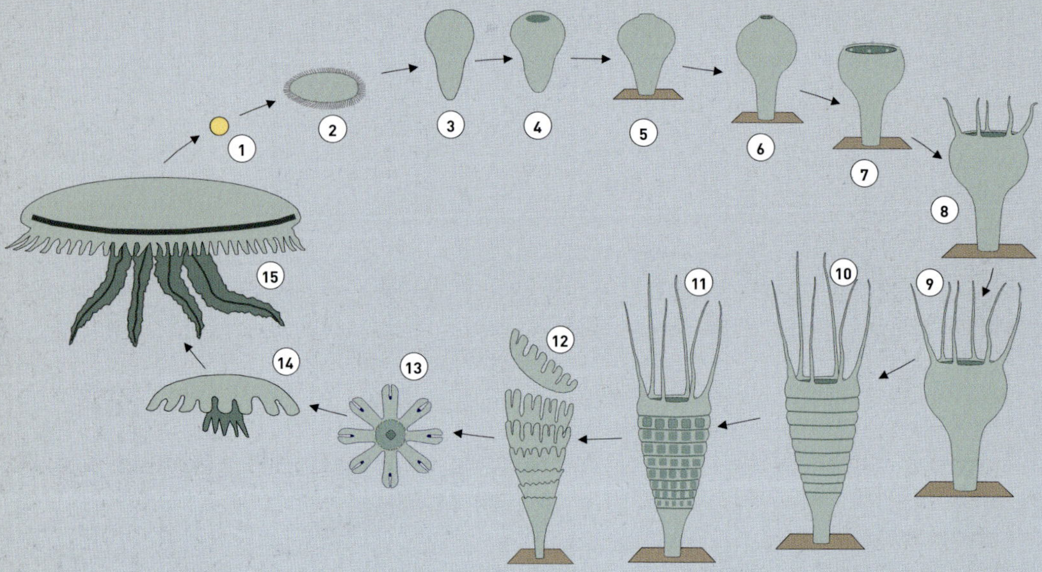

Lebenszyklus einer Schirmqualle

1 Befruchtete Eizelle
2 Planula-Larve
3–5 Festsetzen der Planula
6–9 Umwandlung zum Polypen-Stadium
10–11 Vorbereiten der Strobilation
12 Abschnüren einer Ephyra-Larve
13 Fertige Ephyra-Lavre
14 Umwandlung zur Jungmeduse
15 Geschlechtsreife Meduse (Qualle)

Oben: Ohrenqualle *(Aurelia aurita)*
Unten: Wurzelmundqualle *(Rhizostoma octopus)*

Quallen unserer Küsten

Ohrenquallen, bis zu 40 cm groß, sind die häufigsten Quallen in der Nord- und Ostsee. Sie werden gern im Frühsommer an unsere Küsten gespült. In ihrem durchsichtigen Körper sind deutlich die vier ohrenförmigen Geschlechtsorgane zu sehen, die wie ein Kleeblatt angeordnet sind. Da ihre Nesselkapseln unsere Haut nicht durchdringen können, sind Ohrenquallen für uns harmlos. Mit ihren recht kurzen Mundtentakeln erbeuten sie kleine Meerestiere aus dem Plankton.

Besonders im Spätsommer und Herbst spülen heftige Stürme die bis zu 30 cm großen, wenig nesselnden Kompassquallen *(Chrysaora hyoscella)* mit der auffälligen gabelartigen Zeichnung aus V-förmigen Streifen auf der Schirmoberseite an den Strand. Die Nesselkapseln dieser planktonfressenden Qualle sind für den Menschen wenig gefährlich. Die bis zu 90 cm großen **Wurzelmundquallen** *(Rhizostoma octopus)* sind die beeindruckendsten heimischen Quallen, die Sie im Sommer im Spülsaum beobachten können. Auch ihre Nesselkapseln sind für Menschen ungefährlich.

← Wurzelmund-quallen

Erste Hilfe bei Kontakt mit einer Qualle

- Ruhig bleiben und unnötige Bewegungen vermeiden, Schockzustand behandeln
- Betroffene Stellen nicht mit Meer- oder Süßwasser abreiben, sondern zunächst mit trockenem Sand oder Kleidungsstück austrocknen
- Anhaftende Tentakelreste vorsichtig mit Pinzette entfernen
- Essig oder Glasreiniger (Isopropanol) auf die betroffene Stelle geben
- Bei Bedarf Notarzt holen oder zum Arzt gehen

Fragen

- Warum muss man sich vor der Blauen Nesselqualle und der Gelben Nesselqualle, die in warmen Sommermonaten an unseren Küsten auftauchen können, in Acht nehmen?
- Wie viele verschiedene Typen von Nesselzellen gibt es?
- Wie wirken die Nesselgifte der Nesseltiere?

211–212← Antworten

Auf Wattwanderung

Das fast 7500 km² große **Wattenmeer**, das sich in einem 5–25 km breiten Streifen von den Niederlanden bis nach Dänemark an der Nordseeküste erstreckt, verdankt seine Existenz einer höchst dynamischen jüngeren Erdgeschichte. Sie können diesen herrlichen Lebensraum am eindrücklichsten bei einer Wattwanderung erleben. Weil Wandern im Watt nicht ungefährlich ist, sollten Sie sich zuvor gründlich mit den örtlichen Bedingungen vertraut machen (Einsetzen von Ebbe und Flut am Wandertag, Zeitfenster für sicheres Wattwandern erfragen, sich nach sicheren Wegen und deren Markierung erkundigen) oder sich einer der zahlreich angebotenen Führungen anschließen. Auch manche Inseln (zum Beispiel Norderney, Baltrum, Langeoog, Spiekeroog, Neuwerk sowie einige **Halligen**) sind bei Ebbe übers Watt zu Fuß zu erreichen. Dazu müssen Sie aber Streckenlängen von bis zu 10 km in Kauf nehmen – auf dem weichen Untergrund eine echte sportliche Herausforderung.

→46 «Weltweit einzigartiges Watt»

→ Hallig

Eine geführte Wattwanderung ist ein besonderes Erlebnis.

Halten Sie sich bei einer Wanderung an die mit Birkenstämmchen (Pricken) markierten Wege, die es in zahlreichen Wattgebieten gibt. Besonders tückisch sind die Priele, die wie Flüsse durchs Watt ziehen. Sie füllen sich beim Einsetzen der Flut zuerst und oft überraschend schnell mit Wasser und werden dann nicht selten zu reißenden Strömen, die Ihnen den Rückweg versperren können. Schwimmen Sie niemals in einem Priel: Die Strömung ist sehr gefährlich!

198← «Spuren im Sand und Schlick»

Beim Wandern im Watt können Sie hautnah die atemberaubend weite Landschaft und Begegnungen mit **zahlreichen Tieren** erleben. Am angenehmsten zum Laufen sind sandige Wattbereiche. Gehen Sie barfuß, wo immer es möglich ist – so bekommen Ihre Füße eine wohltuende Massage. Wenn Sie allerdings schlickige Muschelfelder durchqueren, sollten Sie besser gutes Schuhwerk tragen – sonst besteht die Gefahr von Schnittverletzungen an den Kanten der Muschelschalen. Dort können Sie auch bei jedem Schritt bis zu den Knöcheln (manchmal sogar bis zu den Hüften) im Schlickboden einsinken. Das macht dann weniger Freude und kostet viel Kraft. Kehren Sie nach den ersten Schritt um, wenn Sie auf einen solchen Wattbereich treffen.

Die Anwesenheit der Wattwürmer im Untergrund ist nicht zu übersehen.

Beobachtungstipp – Trampelkuhlen

Hier und da fallen aufmerksamen Wattwanderern im Mischwatt unregelmäßig angeordnete und etwa handbreittiefe Wannen auf, die so gar nicht in das sonstige Bild von Rippelmarken oder Wellenfurchen passen. Hier waren vielmehr Vögel aktiv – oft Brandgänse, die mit raschen Trippelschritten und Kreisbewegungen im Flachwasser das Sediment aufwirbeln und die darin lebenden Wirbellosen freilegen. Diese Methode der Nahrungssuche ist ebenso raffiniert wie wirkungsvoll, denn der Wattboden steckt voller Leben.

Reiches Tierleben

Vögel gehören natürlich zu den häufigsten Tieren, die Sie während einer Wattwanderung beobachten können, denn die allermeisten Lebewesen halten sich (nicht nur) bei **Ebbe** am Boden auf. Dort finden sie genügend Schutz vor Austrocknung und Sonnenstrahlen. Doch ihre Spuren weisen auf das reichhaltige Leben im Wattboden hin. Erstaunlich sind dabei nicht die Artenzahlen, sondern die Mengen an Individuen: So leben auf einem Quadratzentimeter Wattboden oftmals über eine Million mikroskopisch kleiner Kieselalgen (Diatomeen), die Sie als braune Überzüge erkennen. Sie bilden eine wichtige Nahrungsgrundlage für unzählige Organismen, etwa für die Wattschnecken. Diese nur wenige Millimeter langen Schnecken treten an nahrungsreichen Plätzen mit gut und gern 100 000 Exemplaren pro Quadratmeter auf.

→26 «Im Rhythmus der Gezeiten»

Unübersehbar sind die spaghettiähnlichen Häufchen des **Wattwurms** *(Arenicola marina)*, der dicht an dicht in einer etwa 25 cm tiefen, J-förmigen Röhre im Wattboden lebt. Alle 40 Minuten schiebt der Wattwurm sein Hinterende aus dem Ausgang der Wohnröhre und schießt eine graue Kotsandschnur wie mit einer Wasserspritzpistole hinaus. Er muss sich beeilen, denn das Ausscheiden der unverdaulichen Sand- und Schlickreste ist der gefährlichste Moment in seinem Leben: Möwen und zahlreiche **Watvögel** lassen sich die Gelegenheiten nicht entgehen, einen bis zu 25 cm langen, regenwurmähnlichen Wattwurm zu erbeuten. Unweit des Kothaufens können Sie einen Einsturztrichter entdecken. Die zentrale Öffnung führt senkrecht in den Boden und endet in einer kleinen Höhle, in der das Vorderende mit der Mundöffnung liegt. Hier nimmt der Wattwurm das beständig herabfallende Sediment auf.

→ Wattwurm

→156 «Raststation Watt»

Sternartig angeordnete Spuren, die von einer winzigen Öffnung im Schlickwatt ausgehen, stammen vom nur bis zu 9 mm langen Schlickkrebs *(Corophium volutator)*. Sie entstehen, wenn dieser kleine Krebs, der in einer 4–8 cm tiefen, U-förmigen Wohnröhre lebt, mit den auffälligen Antennenpaaren kleine Algen und organische Teilchen von der Wattoberfläche absammelt. Auch er bildet Massenvorkommen mit

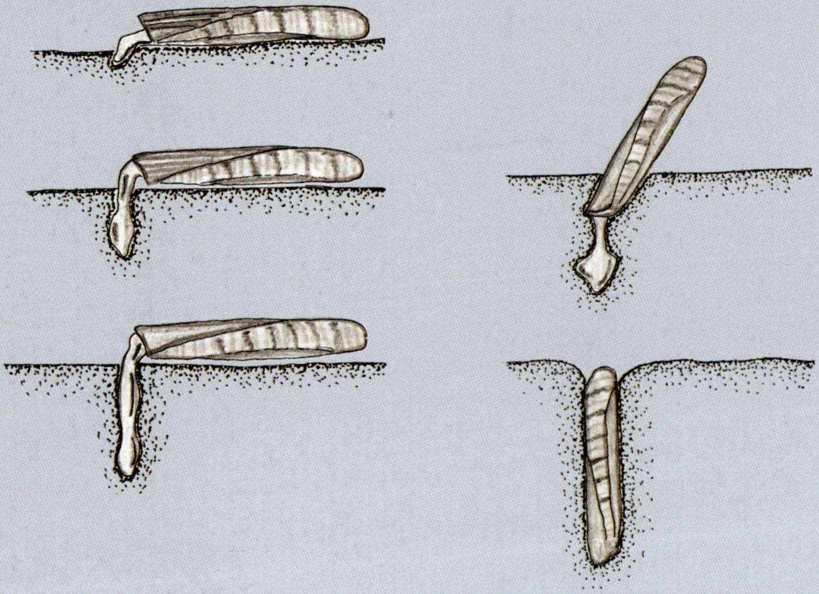

bis zu 40 000 Tieren pro Quadratmeter und gehört zur wichtigen Nahrung von jungen Fischen und Vögeln.

Die dicht mit Schillpartikeln besetzten und sehr eigenartig aussehenden Wohnröhren der Bäumchenröhrenwürmer *(Lanice conchilega)*, die über die Wattbodenfläche herausragen, bilden dichte «Rasen»flecken.

Muscheln neben Muscheln

Spüren Sie im sandigen Wattboden eine Art Kopfsteinpflaster unter ihren Füßen, so schreiten Sie gerade über ein Muschelbett, meist von der Essbaren **Herzmuschel** *(Cerastoderma edule)*. Da sie nur kurze Ein- und Ausstromsiphonen besitzen, graben sie sich nur oberflächennah ein. Werden sie freigelegt, graben sie sich rasch wieder ein. Ebenso rasch buddeln sie sich wieder aus, wenn sie verschüttet werden …

← Herzmuschel

Frage

› Wie viele Liter Wasser strömen täglich durch den Körper einer einzigen Herzmuschel?

212 ← Antwort

Wie sich eine Messermuschel eingräbt.

Auf Safari an der Küste

Viele Tausend **Seehunde** *(Phoca vitulina)* ziehen im Frühjahr ins Wattenmeer, um dort im Juni und Juli ihre Jungen zu gebären. Dank extrem fettreicher Muttermilch nehmen Robbenbabys rasch zu und wiegen im Alter von einem Monat schon dreimal so viel wie bei der Geburt: 25 kg bringen sie dann auf die Waage. Wenn die Mütter zu ihren stundenlangen Jagdstreifzügen weit draußen auf dem Meer aufbrechen, lassen sie die Jungen auf den Sandbänken zurück. Weil die Robbenjungen dann mit heulenden Rufen den Kontakt zu ihrer Mutter suchen, werden sie in dieser Lebensphase «Heuler» genannt. Zum Säugen und Ruhen kehren die Mütter wieder auf die «Seehundbänke» zurück. Nach der etwa sechswöchigen Säugezeit sind die Jungen selbstständig und werden von der Mutter verstoßen. Nun müssen sie selbst für sich sorgen und erbeuten zunächst vor allem Garnelen. Darum verlieren die Robben zunächst recht viel Gewicht, bis sie zu gewieften Jägern werden.

→ → Seehunde

Die Männchen werden bis zu 1,9 m lang bei einem Gewicht von 70–150 kg. Weibchen erreichen nur Längen von 1,7 m (Gewicht 60–110 kg). Dank ihres dichten Fells und der wärmenden Speckschicht sind Seehunde bestens an das Leben im Meer

Neugieriger Seehund *(Phoca vitulina)*

angepasst. Bei ihren meist 3–7 Minuten andauernden Tauchgängen in bis zu 90 m Tiefe jagen sie äußerst wendig Fische, Krebstiere und Tintenfische. Um den Meeresboden nach **Plattfischen** und anderen Beutetieren abzusuchen, schwimmen sie wegen ihrer eher auf der Kopfoberseite liegenden Augen gern auf dem Rücken – daher muss man sich nicht wundern, wenn man dieses Verhalten oft auch in einem Meeresaquarium beobachten kann.

Flunder, Seezunge

Beobachtungstipp – Seehunde im Lebensraum

Wenn Sie Seehunde erleben möchten, schließen Sie sich einer Exkursion per Schiff durch ein von den Nationalparkverwaltungen zertifiziertes Unternehmen an. Oder besuchen Sie die bekannte Seehundstation Friedrichskoog. Dort können Sie tagtäglich eine Gruppe von Seehunden und Kegelrobben beobachten, die in einem großen Beckensystem leben. Im Sommer werden dort zudem Heuler aufgezogen, die von ihrer Mutter getrennt wurden – meist, weil sie von Menschen gestört wurden, die sich den Sandbänken näherten und Mütter und Junge zu panikartiger Flucht ins Wasser trieben. Per Videokameras erhalten Sie störungsfreie Einblicke in die für Besucher nicht zugänglichen Aufzuchtbereiche.

Seehund mit Heuler

Zurück an unseren Küsten

Seit den 1990er-Jahren ist die **Kegelrobbe** *(Halichoerus grypus)*, mit bis zu 310 kg Gewicht das größte Raubtier Deutschlands, wieder an der Nordsee (und vereinzelt auch an der Ostseeküste) heimisch geworden. Ihren Namen verdanken die bis zu 2,3 m langen Robben ihrem kegelförmigen Kopf. Rund um Helgoland können Sie sie während der Ebbe beim Ruhen, auch gemeinsam mit Seehunden, beobachten. Eine weitere Population besteht auf einem Außensand vor Amrum. In der Ostsee besuchen sie einige wenige Stellen an der mecklenburg-vorpommerschen Küste. Bei Flut tauchen die Kegelrobben meist in 20–30 m Tiefe nach Fischen und Tintenfischen. Die zunächst flauschig weißen Jungen werden im Herbst und Winter geboren. Jede Kegelrobbenkolonie hat eigene Wurfperioden. Im Alter von etwa 3 Wochen, wenn die Säugezeit vorbei ist, tauschen die Jungen das weiße langhaarige Lanugo-Fell gegen ein hellbräunliches Jugendkleid aus.

→ → Kegelrobbe

Whale-watching

Schweinswale *(Phocoena phocoena)*, auch Kleine Tümmler oder Braunfische genannt, sind die einzigen Wale, die regelmäßig in der Nord- und Ostsee vorkommen. Seltener tauchen dort auch der Gemeine Delfin (*Delphinus delphis,* bis zu 2,6 m lang) und der Weißschnauzendelfin (*Lagorhynchus albirostris,* bis zu 3 m lang) auf.

Kegelrobbe *(Halichoerus grypus)*

Schweinswal

Die gewandten, bis zu 1,7 m langen und 40–60 kg schweren **Schweinswale** ernähren sich vor allem von Schwarmfischen wie Heringen oder Makrelen, die sie bis in 100 m Tiefe jagen. Sie ziehen in kleinen Gruppen umher. Sie springen nur selten aus dem Wasser. Auch tauchen sie meist mit einem Rundbogenrücken ab, um so wenig Wasser wie möglich aufspritzen zu lassen. Durch diese Schwimmweise unterscheiden sie sich deutlich von den anderen Delfinarten. Schweinswale können Sie gut bei einer Whale-watching-Tour erleben. Mit etwas Glück begegnen Ihnen die kleinen Wale auch auf einer Fährfahrt nach Dänemark oder auf einem Kutter. Und wenn Sie kein Glück mit einer Walsichtung haben, widmen Sie sich doch einfach den anderen Tieren: Möwen und andere Vögel werden Sie mit Sicherheit beobachten können.

Vorbereitung auf eine Whale-watching-Tour

- Informieren Sie sich unbedingt, ob das gewählte Whale-watching-Unternehmen auch gewährleistet, dass die Tiere nicht gestört werden.
- An Bord des Schiffes sollten Sie ausreichend Informationsmaterial über Wale und Delfine erhalten. Noch besser wäre es, wenn ein Biologe die Tour führt.
- Auf die Tour sollten Sie mitnehmen: spritzwasserdichte Hülle für den Fotoapparat, Fernglas, windtauglichen Kopfschutz, festes Schuhwerk, Regenjacke, Sonnenbrille und Sonnenschutzmittel im Sommer, Handschuhe im Winter, evtl. auch ein Bestimmungsbuch über Wale und Delfine und/oder Vögel der Küsten.

Frage

212← Antwort

- Wie oft bekommen Schweinswale Nachwuchs?

Schweinswal *(Phocoena phocoena)*

In der Salzwiese

Normalerweise ist Salz für eine gewöhnliche Landpflanze giftig oder sogar tödlich – die arg geschädigten bis eingepökelten Bäume an Straßen, die im Winter mit Auftausalzen behandelt werden, sind ein deutlicher Hinweis. Die Salzwiesen-Pflanzen werden dagegen mit der ständigen Salzbelastung bewundernswert fertig. Wegen ihres kompetenten physiologischen Umgangs mit dem **Stressfaktor** Salz bezeichnet man sie in der Ökologie als Halophyten.

→16 «Meerwasser ist ganz anders»

Im Wattbereich der Nordseeküste lassen sich nach Lage und Entstehung im Wesentlichen drei Typen von Salzwiesen unterscheiden: Sandsalzwiesen, Ästuarsalzwiesen und Vorlandsalzwiesen. Sandsalzwiesen entwickeln sich im Schutz von Strandwällen, von Sandbänken oder im Lee der großen **Düneninseln**. Gewöhnlich stocken sie auf einer vergleichsweise geringmächtigen Schlickauflage über massigen Sandkörpern. Die Auflandung erfolgt in diesen Bereichen nicht nur durch Feinteilchen, die der Flutstrom hereinträgt und der Ebbstrom liegen lässt, sondern auch äolisch durch Anwehung aus der weiteren Nachbarschaft, soweit Sandstrände, Vordünen oder bei Ebbe frei fallende Sandplaten vorhanden sind.

→98 «Bewegt und bewegend – die Dünenlandschaften»

Salzwiese bei Westerhever

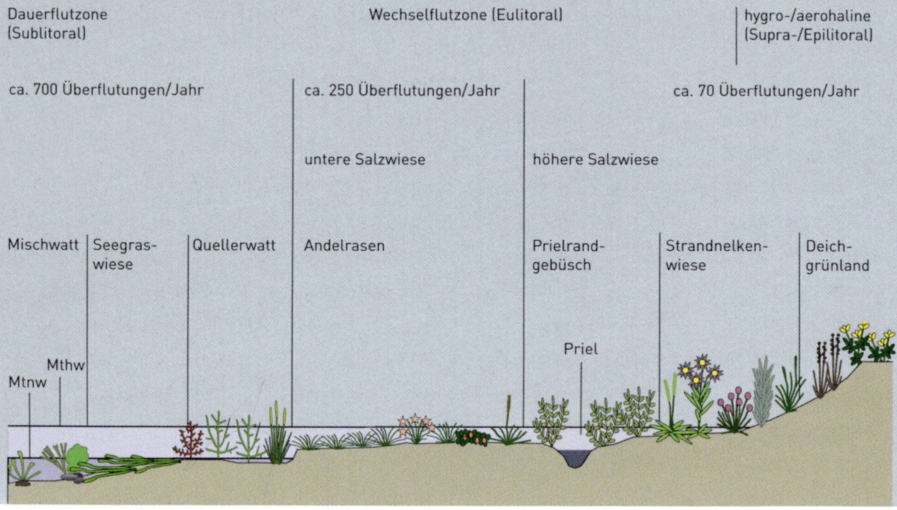

Ästuarsalzwiesen erstrecken sich im Bereich von Flussmündungen auf tidebeeinflussten Schwemmfächern mit Feinsedimenten, die sich entlang der Gleitufer hinter Flussbiegungen oder anderen Strömungsschattenbereichen abgesetzt haben. Diesen Salzwiesentyp findet man im Bereich der **Nordseeküste** nur an wenigen Stellen, beispielsweise im Neufelder Vorland an der Tideelbe, im Südwesten der Insel Föhr oder in Resten der eingedeichten Eidermündung.

Nordseeküste

Der dritte Typ, die Vorlandsalzwiesen, nehmen heute den größten Teil der Salzwiesenstandorte an der Nordseeküste ein. Sie erstrecken sich im Deichvorland und gehen überwiegend auf technisch gestützte Sedimentation und Landgewinnung vor der Deichlinie zurück. Die im Deichvorland liegenden Salzwiesen nennt man auch Außengroden oder Heller.

Zoniert und verzahnt

Die vom Meer geprägte, aber vom Festland ausgehende Vegetation auf sandig-tonigen Weichböden (Marschböden) tritt in Abhängigkeit von **Tidenniveau** und Küstenexposition meist in gürtelartig angeordneten Zonen bzw. Gesellschaften auf. Die einzelnen Gesellschaften lassen sich jedoch nicht immer linienscharf voneinander abgrenzen, weil sie häufig auch kleinräumig miteinander verzahnt sind. Die auf salzimprägnierten Böden wachsende Vegetation umfasst (auch) an der Nordsee ausschließlich bedecktsamige Blütenpflanzen, Moos- und Farnpflanzen fehlen in diesem Bereich ebenso wie Nacktsamer.

26 «Im Rhythmus der Gezeiten»

Die am weitesten seewärts vorgeschobene Pflanzengesellschaft ist die Quellergesellschaft mit den verschiedenen Sippen der formenreichen Sammelart **Queller** *(Salicornia europaea)*. Mit ihren sommerannuellen Fluren bildet sie landwärts zunehmend dichtere Bestände, die Niedrige Salzmarsch.

→ Queller

An die Quellergesellschaft schließt landeinwärts die eigentliche Salzwiese an. Hier tritt – im Allgemeinen mit scharfer Grenze gegen das Quellerwatt – der dichtrasig mit langen Ausläufern wachsende Strand-Salzschwaden *(Puccinellia maritima)* auf. Man findet hier aber auch Blütenpflanzen wie den Strand-Dreizack *(Triglochin maritimum)*, das Strand-Milchkraut *(Glaux maritima)* und die Salz-Schuppenmiere *(Spergularia salina)*. Vor allem an den Rändern von Prielen oder Flutmulden finden sich die gegen Mahd oder **Beweidung** recht empfindlichen Bestände der Strand-Salzmelde *(Atriplex [Halimione] portulacoides)* ein – ein Halbstrauch und damit das einzige halophile Holzgewächs im Vorlandbereich. Er vertritt hier somit eine Pflanzenformation, die an tropischen Küsten die ausgedehnten Mangrovengürtel bildet. An höheren, etwas sandigeren Priel- und Grabenrändern, an denen sich bei Springtiden auch größeres Getreibsel ablagert, siedelt der besonders aromatisch duftende Strandbeifuß *(Artemisia maritima)*, während sich auf den stärker schlickigen Grabensohlen die imposante Hochstaudenflur der Salz-Aster *(Aster tripolium)* ausbreitet.

→84 «Total belämmert»

Queller *(Salicornia europaea)*

Beobachtungstipp – Verschiedene Köpfe

Normalerweise tragen die Salz-Astern ungefähr münzgroße Blütenköpfe mit zartlila-blauen Zungen- und dottergelben Röhrenblüten. Sie werden gerne von großen Tagfaltern angeflogen, denn hier gibt es viel Nektar zu naschen. In größeren Salz-Aster-Beständen finden sich auch immer wieder Exemplare, denen die bläulichen Zungenblüten fehlen. Mitunter trifft man auch auf albinotische Formen mit weißen Zungenblüten. Für die Falter sind sie allerdings gleichermaßen attraktiv.

Landeinwärts, oberhalb von etwa 30 cm über dem mittleren Tidehochwasser, treten wir in den Bereich der oberen Salzwiese ein, der geprägt ist durch die Gesellschaften des Bottenbinsenrasens mit *Juncus gerardii*, der Strandnelkenwiese mit *Armeria maritima* bzw. der Strandfliedergesellschaft mit *Limonium vulgare. Plantagini-Limonietum*). Ihren Standort erreichen nur noch 35–70 Überflutungen im Jahr. Nach der hier ebenfalls vorkommenden halotoleranten Grasart *Festuca rubra* ssp. *litoralis* kann man die obere Salzwiese auch als Rotschwingelzone bezeichnen. Sie leitet zum Dauergrünland der Herbstlöwenzahnwiesen über.

Salz-Aster *(Aster tripolium)*

Salz-Lösungen

Würden die Pflanzen der Salzwiese kein Salz aus ihrer salzigen Umgebung aufnehmen, so würde ihnen der Wattboden auch noch den letzten Rest Wasser entziehen: Der Grund dafür ist, dass Wasser immer nur von einem Ort niedriger Salzkonzentration zu Orten höherer Salzkonzentration fließen kann. Um also nicht vollends auszutrocknen und dabei zu sterben, müssen am Meer siedelnde Pflanzen Meersalz aus der Bodenlösung aufnehmen. Sie weisen sogar jeweils eine geringfügig höhere Salzkonzentration als ihr Wurzelraum auf, weil sie nur so mittels Osmose das verfügbare Wasser aufnehmen können. Damit stellen sich allerdings gewisse Probleme ein, weil **Meersalz** in großer Menge auch für Salzpflanzen giftig ist. Zur Bewältigung der hohen Salz(ionen)konzentrationen in ihren Zellen und Geweben haben die Halophyten zwei unterschiedliche Strategien entwickelt:

→18 «Und woher kommt das Salz?»

Schlucken und sterben: Manche Arten schaffen zusätzlichen Speicherraum für die mit den internen Wasserströmen aufsteigenden Salzfrachten bei gleichzeitiger Einschränkung des Wasserverbrauchs durch Transpiration – sie werden sukkulent. Von der oberen Salzwiese bis zum Quellerwatt, d. h. in Richtung steigender Salzbelastung, nimmt das Blattflächen/Volumen-Verhältnis stetig ab. Einjährige Arten wie Queller, Spörgel und Sode befrachten sich bei moderatem Wasserumsatz jeweils nur bis zum

Strand-Wegerich *(Plantago maritima)*

Ende der Vegetationsperiode mit Salz und sterben dann, eventuell mit eindrucksvollem Farbfinale, ab. Mehrjährige Arten wie die Salz-Aster, der Strand-Wegerich und der Dreizack werfen die mit Salz gesättigten Blattorgane während der Wachstumssaison ab und stellen mit neu angelegten Blattorganen weiteren Stauraum zur Verfügung.

Das andere Modell: Statt ständig Salz einzuspeichern, können manche mehrjährigen Halophyten ihre Salzladung auch wieder löschen: Absalzende Drüsen kommen in den Blättern von Milchkraut, Strandflieder, Strandnelke und Schlickgras vor. Sie bestehen aus einem meist mehrzelligen Apparat, dessen Exkretionszellen die Cl--Ionen energieabhängig ausschleusen und die Na+-Ionen elektrochemisch nachströmen lassen. Niederschlagswasser entfernt die an der Blattoberfläche kristallin deponierten Salze. Analog arbeiten zum Beispiel die Absalzhaare der Keilmelde. Hier erfolgt die Salzdeponierung ebenfalls energieabhängig in der Zentralvakuole einer endständigen Blasenzelle, die schließlich platzt und ihre Salzfüllung freisetzt oder zusammen mit ihrer Stielzelle abbricht.

Beobachtungstipps – Salz macht dick

- Verfolgen Sie die zunehmende Salzsukkulenz (Dickfleischigkeit) der Blätter und Stängel der Salzwiesenpflanzen vom Deichfuß bis zum Quellerwatt. Je häufiger die Überflutungen im Tidenrhythmus, umso sukkulenter sind die Pflanzen. Ihren Salzgehalt kann man auch deutlich schmecken: Zerkauen Sie ein Stückchen Queller oder Strand-Sode.
- Bei Strandflieder sollten Sie bei trockenem Wetter auf die kleinen Salzkrusten auf den Blättern achten – es ist über die Wurzel aufgenommenes und aktiv durch besondere Blattdrüsen wieder ausgeschiedenes Salz. Der nächste Regen wäscht es weg und führt es ins Meer zurück.

Fragen

- Wie viele Male im Jahr werden die Quellergesellschaften der Salzmarsch überflutet?
- Was haben die Salzwiesen der Küsten mit den alpinen Matten gemeinsam?
- Worin liegt die ökologische Bedeutung der Salzwiesen?

212← Antworten

Vögel im Watt und am Strand

Überall an den Küsten können Sie mit Leichtigkeit Vögel beobachten – dies gilt für Strand und Wattenmeer ebenso wie für Felsklippen und Hafenbereiche. Das Vogelleben an den Küsten ist so reichhaltig, dass man damit dicke Bücher füllen könnte. Daher kann dieser Band Ihnen nur einen Überblick geben und einige Highlights nennen.

Kleines Vogel-ABC der Watvögel

Wenn sich bei Ebbe das Wasser zurückzieht, landen riesige Scharen von Watvögeln (Limikolen) auf den silbern glänzenden **Schlickflächen**. Für sie beginnt nun das große Fressen. Bei Flut ziehen sie sich auf die Hochwassereinstandsplätze zurück, d. h. auf die Wiesen und Flächen hinter den Deichen. Darum leben diese Vögel nicht im Takt von Tag und Nacht, sondern haben ihre Aktivitäten an den Rhythmus der Gezeiten angepasst. So könnten Sie auch nachts, wenn Ebbe herrscht, schwarz-weiße Austernfischer, rostbraune Pfuhlschnepfen, rotbeinige Rotschenkel, kleine Knutts und viele andere bei der Nahrungssuche im reichhaltigen Wattboden beobachten.

→98 «Spuren in Sand und Schlick»

Alpenstrandläufer im Watt. Der Wind kommt von rechts.

Alpenstrandläufer

Alpenstrandläufer (*Calidris alpina*, 17–19 cm lang): Sein Name täuscht – er lebt nämlich nicht in den Alpen, sondern ist der häufigste Watvogel unserer Breiten. Bis zu einer Million Alpenstrandläufer ziehen allein im Herbst durchs Wattenmeer. Mit dem geraden Pinzettenschnabel stochert er im weichen Boden nach kleinen Würmern, Krebsen und Schnecken. Weitere Strandläufer an den Küsten sind Sichelstrandläufer (*C. ferruginea*, Durchzugsgast im Sommer), Zwergstrandläufer (*C. minuta*, Gast auf dem Herbstzug), Meerstrandläufer (*C. maritima*, nur Wintergast) und Sanderling (*C. alba*; Gast auf dem Herbstdurchzug).

Beobachtungstipp – Schwärme wie Wolken

Der Alpenstrandläufer ist ein schneller, gewandter Flieger, der gerne Zickzacklinien fliegt. Wenn Sie große, dichte Wolken aus Vögeln beobachten, die nur ein lebender Organismus zu sein scheinen, dann handelt es sich dabei meist um Alpenstrandläufer. Tausende von Vögeln wechseln in solch einem Schwarm zeitgleich die Richtung, und die Farbe der Vogelwolke schlägt von einer Sekunde zur nächsten von Dunkel nach Weiß um. Ein herrliches Schauspiel!

Alpenstrandläufer *(Calidris alpina)* im Prachtkleid

Austernfischer (*Haematopus ostralegus,* 43 cm lang): Er ist der auffälligste aller Watvögel – nicht nur wegen seiner Größe und seines schwarz-weißen Gefieders mit roten Beinen und rotem Schnabel, sondern auch wegen seiner überlauten, eindringlichen Rufe. Austernfischer lieben Herzmuscheln. Manche Vögel öffnen sie mit einem Schnabelschlag wie mit einem Hammer, andere stoßen ihren Schnabel wie einen Dolch zwischen die Muschelschalen. Austernfischer fressen auch gern **Miesmuscheln**, knacken die Panzer von Krabben oder bohren im Wattboden nach Würmern. Die Nester der Austernfischer liegen in den Salzwiesen, auf Sandstränden oder in den Dünen. Manche brüten sogar auf Hausdächern. Austernfischer können sehr alt werden, dank Beringung wissen wir um Vögel, die über 30 Jahre alt wurden.

Austernfischer

→68 «Wie funktioniert eine Muschel?»

Beobachtungstipp

Bei auflaufender Flut sammeln sich die außerhalb der Brutzeit sehr geselligen Austernfischer gern in großen Schwärmen. Auffallend ist auch das sehr differenzierte Sozialverhalten dieser Vögel, wie etwa Flug- und Laufeinlagen.

Austernfischer *(Haematopus ostralegus)*

Pfuhlschnepfe

Pfuhlschnepfe (*Limosa lapponica,* 38 cm lang): Obwohl die hochbeinige Pfuhlschnepfe in der Arktis brütet, verbringt sie die meiste Zeit im Watt. Erst Ende Mai zieht sie in den Norden und kehrt zwei Monate später schon wieder zurück. Im Watt stochert sie mit ihrem auffallend langen, leicht abwärts gebogenen Schnabel nach kleinen Krebsen und Würmern. Sehr ähnlich ist ihr die Uferschnepfe *(L. limosa),* die aber nur als Durchzügler an der Küste auftaucht.

Rotschenkel

Rotschenkel (*Tringa totanus,* 28 cm lang): Seine flötenden «tüüt»-Rufe können Sie häufig im Watt hören, denn er gehört dort zu den häufigsten Brutvögeln. Wie viele Watvögel baut der Rotschenkel kein richtiges Nest, sondern legt seine Eier in eine Mulde im Boden ab. Rotschenkel sitzen gern auf erhöhten Plätzen wie etwa Holzpfählen. Seine Nahrung besteht aus Würmern, Schnecken, Muscheln, kleinen Fischen und jungen Fröschen, die er am Strand und auf küstennahen Wiesen (auch Salzwiesen) erbeutet.

Beobachtungstipp

Im Flug erkennen Sie den Rotschenkel am deutlich sichtbaren weißen Flügelrand. Kennzeichnend ist auch sein unverwechselbarer, leicht melancholischer Ruf.

Pfuhlschnepfe *(Limosa lapponica)*

Säbelschnäbler (*Recurvirostra avosetta*, 43 cm lang): Diesen hübschen schwarz-weißen Vogel können Sie bei der Nahrungssuche im flachen Wasser stehend beobachten. Dabei streicht er mit seinem langen, nach oben gebogenen Schnabel in weiten Bögen über die Wasseroberfläche oder den feinen Schlickboden im Watt, um Würmer, kleine Schnecken und Krebse zu erbeuten. Das Nest legen Säbelschnäbler in Grasbüscheln oder niedrigem Gestrüpp an, nach 3–4 Wochen Brutzeit schlüpfen die nestflüchtenden Küken. Sich nicht dem Nistbereich nähern, da die Elternvögel ihren Nachwuchs energisch verteidigen!

→ Säbelschnäbler

Rotschenkel *(Tringa totanus)*

Säbelschnäbler *(Recurvirostra avosetta)*

Sandregenpfeifer

Sandregenpfeifer (*Charadrius hiaticula,* 19 cm lang): In lockeren Sandmulden brüten diese Vögel bis zu 5 Eier aus. Droht Gefahr für die Nachkommen, entfernen sich die Eltern von der Brut und täuschen als flügellahmer Vogel leichte Beute vor. So lenken sie mögliche Angreifer auf sich selbst, um im letzten Moment zu entkommen. Schnecken, Muscheln, Flohkrebse und Insekten stehen auf dem Speisezettel dieser Vögel. Dank hervorragender Tarnung sind sie nur schwer zu entdecken. Weitere Regenpfeifer sind Seeregenpfeifer (*C. alexandrinus,* selten, sehr scheu) sowie Goldregenpfeifer *(Pluvialis apricaria)* auf dem Durchzug im Herbst.

Beobachtungstipps

- Wenn die Flut an Watt und Strand aufläuft, sollten Sie für Ihre Beobachtungen einen geschützten Platz am Ufer einnehmen. Warten Sie dort einfach ab. Mit der sich nähernden Wasserlinie kommen die Vögel automatisch immer näher an Sie heran.
- Nehmen Sie auch an Vogelexkursionen mit geschulten Führern teil, die von örtlichen Naturschutzverbänden, der VHS und ähnlichen Trägern angeboten werden.

Wichtig!

Bitte halten Sie genügend Abstand zu Brutplätzen und Vogelansammlungen, damit Sie die Vögel nicht unnötig aufscheuchen. Halten Sie sich auch von Vögeln fern, die während der Flut auf Wiesen und Salzwiesen ruhen.

Im Sommer halten sich ungefähr eine halbe Million Vögel im Watt auf. Wenn im September und Oktober Heerscharen von Vögeln vom hohen Norden in den Süden ziehen, rasten über 3,5 Millionen Vögel gleichzeitig im Watt – so nahrungsreich sind die scheinbar öden **Wattflächen**!

46 «Weltweit einzigartiges Watt»

Beobachtungstipp – Der Schnabel hält Auslese

Um zu wissen, was Watvögel fressen, müssen Sie ihnen nur auf die Schnäbel schauen – zum Beispiel mit einem Fernglas oder Spektiv. Die Schnabellänge und -form verrät Ihnen, was die einzelnen Vögel in welcher Tiefe aus dem weichen Wattboden holen können.

- Sandregenpfeifer: Wattschnecken von der Oberfläche
- Sanderling: Herzmuscheln aus den oberen Bodenflächen
- Knutt: oberflächennahe Schlickkrebse
- Rotschenkel: Platt- und Pfeffermuscheln in mittlerer Tiefe
- Pfuhlschnepfe: Ringelwürmer in tieferen Wohnröhren
- Großer Brachvogel: Wattwürmer in bis zu 25 cm Tiefe

Fragen

- Welchen Küstenvogel erkennen Sie an den eindringlichen «kliiip kliiip kliiip»-Rufen?
- Welcher auffällige, eigentlich in Südeuropa heimische Vogel mit überlangen Beinen und schwarzen engelgleichen Flügeln taucht nur in manchen Jahren an unseren Küsten auf?

→212–213
Antworten

Sandregenpfeifer *(Charadrius hiaticula)*

Schätze vom Wellensaum

91← «Kleinkunst von der Küste»

← Katzenhai

Zwar geben reine Sandstrände zum Beobachten von Tieren nicht so viel her wie Wattgebiete oder Felsküsten, dafür aber spülen die Wellen unzählige **Schätze** aus dem Meer an den Strand. Schatzsammler wissen das und begeben sich bei Ebbe zu ausgedehnten Sammelstreifzügen am Spülsaum. Leere Muschelschalen und Schneckenhäuser, Gehäuse von Seeigeln, Seesternen oder Dreikantwürmern, Panzerteile und Scheren von Krabben und Krebsen, Eiballen der Wellhornschnecke, Eikapseln von Rochen und **Katzenhaien** oder Tintenfischschulpe gehören zu dem Fundgut, auch angespülte Quallen können dabei sein (seien Sie vorsichtig: Die Nesselkapseln sind auch bei toten Tieren noch intakt; siehe S. 108 f.).

Bei Ebbe können Sie am Sandstrand ziemlich genau erkennen, bis wohin das Wasser während der letzten Flut gestiegen ist. Dort zieht sich ein langer Streifen aus angeschwemmten Tangen, Algen und leider auch viel Müll parallel zur Wasserlinie. Das ist der Spülsaum. Die Lage des Spülsaums verändert sich mit jeder Flut. Mal liegt er höher am Strand, mal tiefer. Deshalb können Sie manchmal auch mehrere Spülsäume entdecken, die unterschiedlich alt sind.

Beobachtungstipp

Wenn Sie die angeschwemmten Algen und Tange im Spülsaum beiseiteschieben, springen Ihnen manchmal kleine, etwa 1,5–2 cm lange Tiere entgegen. Das sind Sandhüpfer oder Strandflöhe, die zu den Flohkrebsen gehören. Sie beißen oder stechen nicht. Tagsüber verbergen sie sich in den feuchten Tangbüscheln, unter Holzstücken oder im Sandboden. Nachts kommen sie heraus und suchen den Strand nach abgestorbenen Pflanzen- oder Tierteilen und Algenresten ab, von denen sie sich ernähren.

Rechts oben: Eitasche eines Nagelrochens im Spülsaum
Rechts unten: Tintenfisch-Schulpe

Hartgehäuse und Panzer

Muschelschalen sind das häufigste Fundgut am Strand. Haben Sie gewusst, dass die meisten **Muscheln** keine zwei absolut gleichen Schalenhälften besitzen? Vielmehr unterscheiden sich rechte und linke Hälfte voneinander. Meist ist eine Hälfte stumpfer als die andere, weil an der gewölbteren Schalenhälfte die Ein- und Ausstromsiphonen liegen. Bei Muscheln mit einem Schloss ist auch dieses gegengleich aufgebaut. Manche Muschelschalen weisen auch ein kleines, kreisrundes Loch auf: Hier war eine räuberische Schnecke tätig. Sie hat mit ihrer Raspelzunge ein Loch in die lebende Muschelschale gebohrt, um an den schmackhaften Inhalt zu gelangen. Auch Schnecken mögen Muschelfleisch.

68← «Wie funktioniert eine Muschel?»

Der erstaunlich leichte, weil aus schwammigem Kalk gebaute Schulp gehört ebenfalls zu den häufigen Fundstücken im Spülsaum. Er sitzt als Stützorgan im Rücken der Tintenfische und funktioniert beim lebenden Tier so ähnlich wie die Tarierweste eines Tauchers: Durch Abgabe oder Einlagerung von Gasen ermöglicht er Tintenfischen einen kräftesparenden Schwebezustand im Wasser. Der Schulp ist der letzte Rest der Schale, die bei den verwandten Muscheln und Schnecken Schalen und Gehäuse bilden.

← Strandkrabbe

Rückenpanzer und Scheren von Krebsen und **Krabben** müssen nicht unbedingt von toten Tieren stammen. Wenn sich Krebstiere häuten, streifen sie dabei den alten Panzer ab. Diese Häutungsreste können Sie auch am Strand entdecken.

Besonderes Highlight für Strandsammler sind leere Gehäuse von Seeigeln (Herz-, See- oder Strandigel). Wenn diese nicht den Kräften von Wellen, Sand und Wind ausgesetzt waren, können sie sogar noch Stacheln aufweisen – meist jedoch verraten nur noch kleine Höcker, wo einst am lebenden Tier die Stacheln saßen. Auch Seesterne sind beliebte Funde – lassen Sie sie gut in der Sonne trocknen, damit der «Inhalt» nicht zu stinken beginnt.

Von Nixentaschen und Eigelegen

Finden Sie etwa fingerlange, kissenförmige Gebilde am Strand, deren Ecken geringelte Anhängsel aufweisen, so haben Sie eine Nixentasche gefunden. Ist die Form ziemlich quadratisch, handelt es sich dabei um die Eitasche eines Rochens, ist die Nixentasche hingegen eher länglich, dann um die eines Katzenhais. Die Eihüllen werden bei der Eiablage mit den langen Anhängseln am Substrat festgemacht. Wenn die fertigen Junghaie oder -rochen aus den Eihüllen geschlüpft sind, treiben die leichten leeren Hüllen auf und werden gern an den Strand gespült.

Beobachtungstipp – Intime Einblicke

In manchen Meeresschauaquarien werden Katzenhaie gehalten. Dort werden oftmals die viereckigen Eitaschen in kleinen Becken präsentiert. Da die Nixentaschen durchsichtig braun sind, können Sie beobachten, wie darin ein kleiner Hai heranwächst.

Wie hellbrauner Plastikmüll sehen die leeren faustgroßen Laichballen der Wellhornschnecken aus. Sie enthalten bis zu 200 erbsengroße Eikapseln. In jeder Eikapsel wiederum befanden sich rund 1000 Eier, von denen die wenigsten befruchtet sind.

Eikapseln des Katzenhais

Die daraus schlüpfenden Jungschnecken haben sich zunächst von den unbefruchteten Eiern ernährt. Wenn dieser Vorrat aufgebraucht ist, verlassen die jungen Wellhornschnecken die Eikapsel – und die Wellen reißen die leeren Laichballen vom Untergrund ab. Mit der Flut gelangen sie an den Strand. Übrigens haben Fischer
175← «Aus dem Leben der Schnecken am Strand»
früher die leeren Laichballen der **Wellhornschnecke** gesammelt und sie wie eine Seife zum Reinigen der Hände oder der Bootsplanken benutzt.

Beobachtungstipp

Federleichtes Fundgut: Ab Juli versammeln die Spülsäume an den Weichbodenküsten die abgelegte Sommergarderobe vieler Küstenvögel: Überall findet man jetzt größere und kleinere Konturfedern. Große hellgraue Federn mit schwarzen Spitzen stammen von der Silbermöwe, während die der Heringsmöwe schiefergrau bis fast schwarz sind. Die Federn der Brandgans sind weiß mit rotbraunen oder grünblauen Bereichen. Viele Vogelarten vollziehen nach dem Brutgeschäft oder während der Rast im Watt ihre Mauser und tauschen schritt- bzw. schubweise das Großgefieder aus, also die Steuerfedern des Schwanzes oder die Arm- und Handschwingen der Flügel. Bei manchen Arten ist dann die Flugfähigkeit eingeschränkt, weshalb sie sich zur Mauserzeit auf sichere Außensande zurückziehen. Von wem die Mauserfedern stammen, zeigt der genauere Blick mit dem Fernglas. Natürlich hilft auch ein gutes Bestimmungsbuch weiter.

Fragen

- Sind alle Schneckenhäuser nach dem Zufallsprinzip mal rechts-, mal linksgewunden?
- Wovon stammen die regelmäßigen Lochreihen auf den Kalkplatten leerer Seeigelgehäuse?
- Was ist die «Laterne des Aristoteles'» und von welchem Lebewesen stammt sie?

213← Antworten

Kurzinformationen Sommer

Nicht immer sind es Teerklumpen

Badeurlauber kennen das möglicherweise: Beim Herumlaufen auf dem hellen Sand bekommt man tiefschwarze Füße – wenn die zu zähen Teerballen geschrumpften Reste von Tankerhavarien oder illegaler Ölentsorgung unter der Oberfläche lauern. Zum Glück hat dieses Problem spürbar nachgelassen. An der **Nordseeküste** können Sie jedoch auch andersartiges schwarzes Schwemmgut in Form handflächengroßer Stücke finden. Beim genaueren Hinsehen erkennt man eine feine Schichtung und häufig auch faserige Strukturen. Es sind Torfstücke, die Hinterlassenschaft längst untergegangener Moore aus den letzten warmen Zwischeneiszeiten. Die alten Torfschichten werden in größerer Tiefe durch die Strömung freigelegt, und die Brandung wirft einzelne Portionen davon auf den Strand. Mit der Lupe erkennt man auf den frischen Bruchflächen oft noch Blatt- und Stängelreste.

→19
«Die Nordsee – ein Randmeer vor unserer Tür»

Fisch in Not

Nutzen Sie Ihre Verbrauchermacht und schonen Sie durch überlegte Menüwahl oder beim Einkauf die Meeresnatur: Fast 90 % der Fischbestände gelten als übernutzt. Die rücksichtslose Plünderung der Weltmeere einschließlich der Nord- und Ostsee bedroht auch Meeresschildkröten, Haie, **Seevögel** und Wale. Die Naturschutzverbände empfehlen daher zu Recht, nur solche Produkte zu verzehren, die das MSC-Siegel (Marine Stewardship Council) tragen und damit bei Wildfisch die Herkunft aus umweltverträglicher, nachhaltiger Fischerei garantieren. Hinsichtlich der zu berücksichtigenden Artenwahl finden Sie genauere Informationen unter www.wwf.de/fischratgeber-app/.

→
Seevögel der Nordsee

Klare Profile zeigen

Die an der Oberkante von Felsküsten oder Weichbodenkliffs wachsenden Gehölze sind oft eigenartig verformt: Einerseits sind sie unglaublich dicht verzweigt wie eine gärtnerisch zugeschnittene Formhecke, und zweitens gliedern sie sich stufenlos mit glatten Konturen in das Küstenprofil ein – der klassische Fall von **Windschur**, den man so im Binnenland kaum kennt. Der an den Küsten unablässig und meist nur aus einer Richtung wehende Wind wirkt tatsächlich wie die zuschnappende Heckenschere eines Gärtners. Im Luv trocknet er Knospen und junges Laub aus, sodass sich neue Verzweigungen vor allem im windberuhigten Lee entwickeln. Auf diese Weise entstehen die seltsam fahnenartig ausgezogenen Kronengestalten, die sich perfekt in das Umgebungsprofil ihres Wuchsplatzes einschmiegen.

→161
«Von Wasser, Wind und Wellen»

Insekten sind keine Meerestiere

Fliegen am Strand können genauso lästig werden wie zu Hause bei der Mittagsruhe im Ohrensessel. Allerdings stellen sie Insekten am und nicht solche im Meer dar. Eigenartigerweise kommen in diesem riesigen Lebensraum so gut wie keine Insektenarten vor. Was man am Strand antrifft, sind fast immer die laufenden oder geflügelten Gäste aus dem angrenzenden Festland. Während es in den Binnengewässern von den Larven der **Eintags-**, **Stein-** und **Köcherfliegen** nur so wimmelt und hier sogar manche Käfer sowie sogar Schmetterlinge ihre Larvenzeit verbringen, sind an europäischen Meeresküsten nicht einmal ein Dutzend Insektenarten unmittelbar an das Meer gebunden. Die Gründe dafür sind nur schwer zu umreißen. Vermutlich liegt es daran, dass im Meer die entsprechenden ökologischen Nischen bereits alle von den außerordentlich artenreich vertretenen Krebstieren besetzt waren, als die Evolution der Insekten begann.

→ Eintags-, Stein- und Köcherfliege

Linke Seite: Kein Teerklumpen, sondern ein Torfstück

Oben: Angebot auf einem französischen Fischmarkt

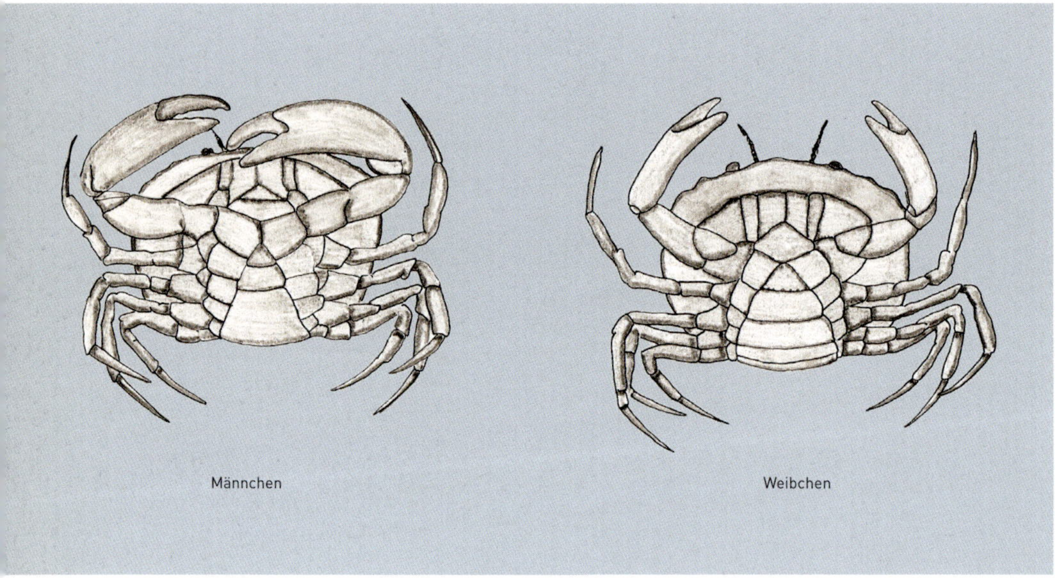

Krabben findet man überall

Strandkrabbe

An allen Küstentypen gehören Strandkrabben zu den häufigsten Watttieren. Häufig anzutreffen ist die **Strandkrabbe** *(Carcinus maenas)*. Die beiden Geschlechter lassen sich an der Form ihres Pleons sicher unterscheiden: Beim Männchen ist es (durch Verschmelzung mehrerer Segmente) nur 5-gliedrig, ziemlich schmal und relativ lang. Beim Weibchen besteht es dagegen aus 7 relativ kurzen und breiteren Gliedern.

Während der Fortpflanzungsperiode tragen die Weibchen hier ihre rund 200 000 Eier bis zum Schlüpfen der Schwimmlarve unter dem seitlichen Borstenbesatz des Pleons, der sich eigens zu diesem Zweck entwickelt.

An den Körperflanken zeichnet sich oberhalb der Beinansätze eine Furche ab. Sie reißt bei der Häutung auf – die Krabbe kriecht dann sozusagen im Rückwärtsgang aus ihrem alten Panzer einschließlich der Gliedmaßen. Auch die Kiemen werden gehäutet. An leeren Krabbenpanzern im Angespül sind deswegen oft noch die alten Kiemenbüschel zu sehen.

Jungkrabben vergraben sich bei Niedrigwasser im Weichboden oder verbergen sich unter größeren Tangen bzw. in Höhlen, während die erwachsenen Tiere mit dem Gezeitenwasserständen auf- und abwandern oder sich in Prielen aufhalten. Trockenfallen überstehen die Tiere meist sehr gut, solange ihre Kiemenkammern mit einem Feuchtefilm ausgestattet sind.

Männchen (links) und Weibchen (rechts) der Strandkrabbe *(Carcinus maenas)*

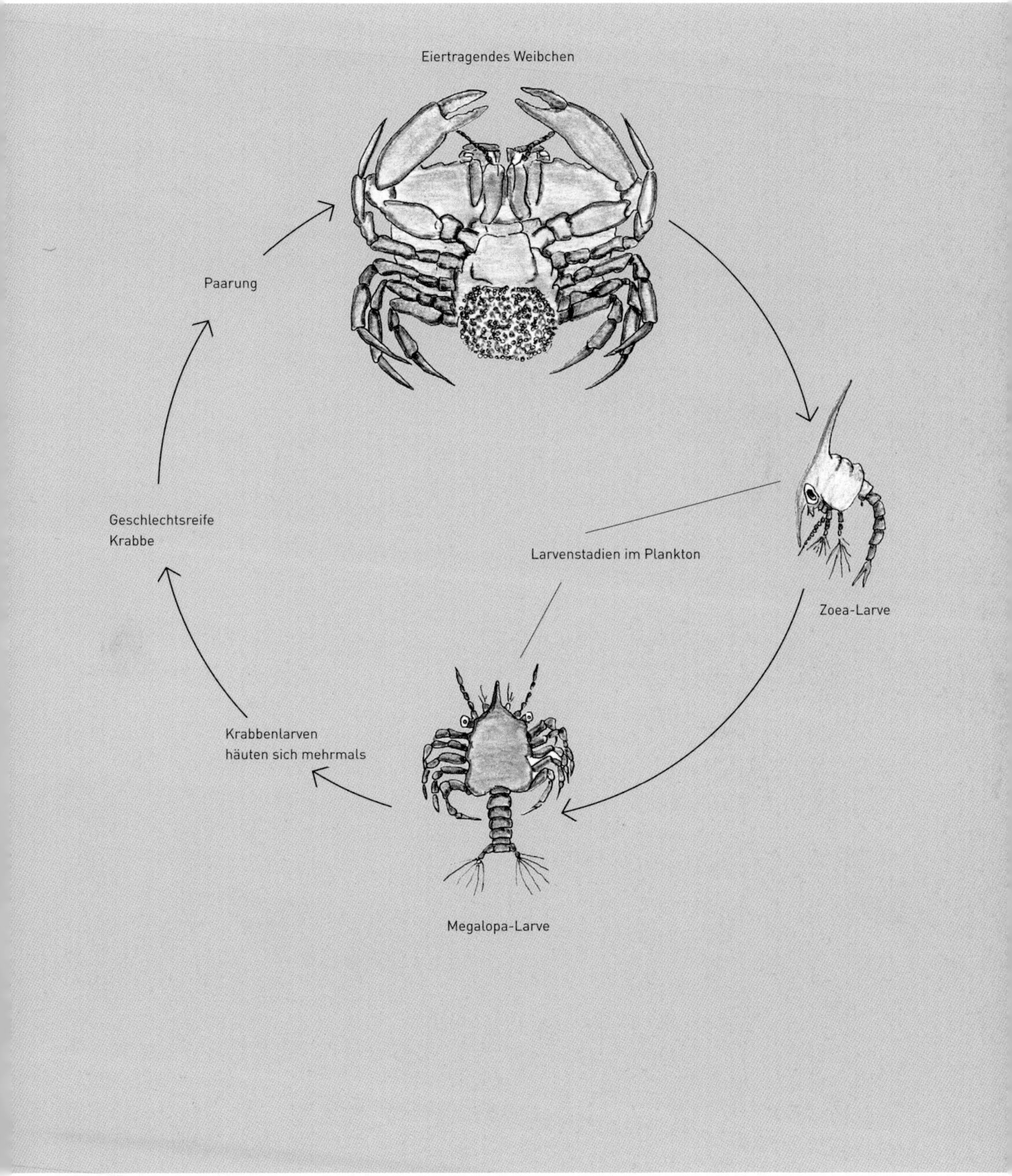

Lebenszyklus der Strandkrabbe – am Anfang im Freiwasser, später am Boden

Beobachtungstipps – Wie Krabben sich verhalten

Zur genaueren Untersuchung hält man eine Krabbe vorsichtig zwischen Daumen und Zeige- oder Mittelfinger an den vorderen Ecken des Rückenpanzers oder fasst sie von hinten an (bei den deutlich größeren und kräftigeren Taschenkrebsen wegen der Gefahr des Fingerkuppenquetschens allerdings nicht empfehlenswert!). Die oft etwas ungleich großen Scheren können recht schmerzhaft kneifen und Kinderhände eventuell auch blutig beißen.
Ein am Rücken gefasstes und hochgehobenes Exemplar spreizt die Beine weit von sich nach allen Seiten (Starrereflex). Bei vermeintlicher Gefahr bäumt sich die Krabbe vorne bei weit geöffneten Scheren auf und weicht langsam mit gespreizten Beinen zurück. Vorsicht: Die Scheren schlagen blitzschnell zu (Abwehrreflex). Eine auf den Rücken gelegte Krabbe krümmt das letzte Beinpaar flach unter den Rücken und das vorletzte Beinpaar auf den Boden. Beide Beinpaare stemmen sich nun gegen die Unterlage: Die Krabbe findet durch Überschlag über das Abdomen wieder zur normalen Bauchlage zurück (Wendereflex).
Schließlich läuft eine Krabbe bei vermeintlicher Gefahr rasch seitwärts davon. Daher rührt ihre niederdeutsche Bezeichnung Dwarslöper = Schrägläufer (Fluchtreflex).

Drohende Strandkrabbe *(Carcinus maenas)*

Links herum rechts aufwärts

Jedes leere **Schneckenhaus** am Strand bietet Ihnen einen geradezu klassischen Hirnverzwirner: Ist die ehemalige Schneckenwohnung nun eine Rechts- oder Linksschraube? Das werden auch Ihre Freunde nicht auf Anhieb beantworten können. Deshalb eine kurze und hoffentlich hilfreiche Instruktion: Betrachten Sie den Korkenzieher an Ihrem Taschenmesser – eine typische Normschraube mit Rechtsgewinde. Paradoxerweise ist er aber dennoch nicht im (rechtsläufigen) Uhrzeigersinn gewunden. Seine technisch festgelegte Bezeichnung erhielt er nämlich nach der Steigungsrichtung des Gewindes bzw. nach der Drehrichtung, mit der man dieses nützliche Werkzeug in den Flaschenkork zwingt. Er ist also rechtsgängig, aber tatsächlich linksgewunden. Wäre er eine Wendeltreppe, müsste man links herum nach oben steigen.

→175 «Aus dem Leben der Schnecken am Strand»

Auch der Aufstieg in einem Gehäuse der **Wellhornschnecke** verläuft über Linksdrehungen und somit gegen den Uhrzeigersinn, und dabei kontinuierlich nach rechts oben. Wie der Korkenzieher sind auch die weitaus meisten Schneckenhäuser also rechtsgängig und gleichzeitig linksgewunden. Die mit Abstand häufigste Normalausgabe eines Schneckenhauses ist aber dennoch ein Rechtsgehäuse, weil die Wachstumsrichtung von der Spitze zur Basis maßgebend ist und der Eingang bei richtiger Orientierung eben rechts vorne liegt.

→ Wellhornschnecke

Wellhorn-Schneckengehäuse

In den Sand gesetzt

Nicht erst der Mensch hat den lockeren Sand oder die zu Sandsteinen verfestigten Sandkörner als vielseitig verwendbare Baustoffe entdeckt. Auch viele Kleintiere verwenden das feinkörnige und für sie einigermaßen leicht zu transportierende Material für ihre Wohn- oder Nestbauten. Vor allem etliche im Wasser lebende Wirbellose verkleben die eingesammelten Sandkörner zu bewundernswerten Bauwerken. Eine

73← «Wohnen im Schneckenhaus»

besondere **Konstruktionsleistung** vollbringt der in Feinsandböden an den Meeresküsten bis in größere Wassertiefen vorkommende Köcherwurm *(Pectinaria koreni)*: Sein ungefähr fingerlanger Wohnköcher besteht aus äußerst sorgfältig verleimten Sandkörnern und weist eine bemerkenswert glatte Außenfassade auf. Nicht ganz so sorgfältig arbeitet der ebenfalls im Watt vorkommende Bäumchenröhrenwurm *(Lanice conchilega)*. Seine Behausung sieht allerdings immer etwas unordentlich aus, weil er zusätzlich auch feinen Muschelschill einmauert, und diese kleinen Bruchstücke gibt es in seinem Lebensraum nun mal nicht im Einheitsformat. Zusätzlich zu seiner Röhrenwohnung leimt der Köcherwurm auch noch einen vielarmigen Fangfächer zusammen, der ihm den Namen eingetragen hat. Die Breitseite dieses Gebildes richtet er immer zur Hauptrichtung der Tidenströmung aus, sodass sich möglichst viele Nahrungspartikeln darin verfangen können.

Kormorane

Zu Unrecht als Fischräuber verschrien und verfolgt, gehören die knapp gänsegroßen Kormorane zu den besonders faszinierenden Vögeln der Küsten. Sie kommen aber auch an den Gewässern im Binnenland vor. Mit ihrem langen kräftigen Hals und den langen Flügeln bilden sie im Flug ein Kreuz. Ihr Gefieder ist nicht wasserabweisend, was ihnen energiesparende Tauchgänge ermöglicht, aber ein ausgiebiges Trocknen

← Kormorane

der Flügel nach jedem Bad erfordert. Dazu sitzen **Kormorane** mit ausgebreiteten Flügeln auf exponierten Stellen. Unter Wasser jagen Kormorane bevorzugt 10–20 cm lange Fische, der Tagesbedarf eines Tieres liegt bei etwa 300–500 g. Kormorane brüten in Kolonien, die an den (wegen der scharfen Kotausscheidungen) abgestorbenen Gehölzen schon von Weitem sichtbar sind.

Wie weit ist es eigentlich bis zum Horizont?

Vielleicht haben Sie sich diese Frage ja auch schon gestellt. Wenn Sie über das weite Meer schauen, scheint der Horizont sehr weit weg zu sein. Tatsächlich lässt sich die Entfernung leicht errechnen. Wenn man von einem Erdradius von 6367 km ausgeht, wie er an der Nordseeküste angenähert gilt, und Ihre Augenhöhe bei 1,8 m liegt, befindet sich der Horizont in 4,65 km Entfernung. Das ist nicht besonders weit, oder? Für ein Kind liegt der Horizont sogar noch näher – in einer Distanz von 3,57 km.

Möchten Sie aber weiter schauen, so begeben Sie sich auf den Balkon im 3. Stock Ihres Strandhotels: Von dort aus sehen Sie 9,91 km weit bis zum Horizont. Noch besser haben es die Vögel. Kreist 100 m über Ihnen eine Silbermöwe, so ist ihr Horizont 35,62 km entfernt. Das ist doch ein guter Grund für den Besuch eines der zahlreichen Leuchttürme an den Küsten.

Fragen

- Wozu dient die Furche, die an den Körperflanken der Strandkrabben oberhalb der Beinansätze sichtbar sind?
- Welche Käferart lebt an manchen Sandstränden unserer Küsten?

→213
Antworten

Ein Kormoran *(Phalacrocorax carbo)* trocknet seine Flügel.

Herbst

5
3
1
4
7
6
8
2

Von wegen grau und trostlos: Auch wenn das Wasser der Nord- und Ostsee erheblich zu kalt zum Baden ist und steife Winde vom Meer heranblasen, locken immer noch spannende Erkundungstouren an der Küste: Wolkenweise treffen Vögel aus den nordischen Brutgebieten auf ihrem Zug nach Süden zum Rasten ein und machen unsere Küsten zu den vogelreichsten Gebieten der Erde. Ein besonderes Highlight können Sie an der Ostseeküste erleben: Dort rasten Zehntausende Kraniche auf Äckern und Feldern und fliegen abends bilderbuchmäßig auf angestammten Schlafplätzen ein. Auch der Strand lockt zu langen Spaziergängen, denn im Angespül der Herbststürme finden sich kostbare Naturschätze, Bernsteine etwa. Lassen Sie sich überraschen!

Alle sitzen lebenslänglich

Strandkrabben

Jeder hat sie auf Gestein, an Hafenmolen oder auf sonstigen festen Unterlagen schon einmal gesehen, aber die wenigstens Strandurlauber können mit diesen kuriosen Gestalten etwas anfangen: Zweifellos gehören die Seepocken zu den eigenartigsten Lebewesen an der Meeresküste. Sie besiedeln in der Gezeitenzone alle festen Unterlagen und finden sich in großer Siedlungsdichte auf Fels, Steinen, Buhnen, Molen, Muschelschalen, Strandschnecken und sogar auf **Strandkrabben**, die sich längere Zeit nicht mehr gehäutet haben oder sich wegen Parasitenbefalls nicht mehr häuten können. Mit den Seepocken kann man bei Niedrigwasser praktischerweise zuverlässig den durchschnittlichen Flutwasserstand am betreffenden Küstenabschnitt festlegen: Die Obergrenze ihres meist recht auffallenden Siedlungsbandes markiert in etwa die Hochwasserlinie. Übrigens: Noch zu Beginn des 19. Jahrhunderts hielt

Seepocken *(Semibalanus balanoides)*

man Seepocken für besonders absonderliche Muscheln. Und mal ganz ehrlich: Hätten Sie gedacht, dass es sich bei diesen Gebilden tatsächlich um «richtige» Tiere handelt? Spätestens nach der Entdeckung der typischen Larvenstadien der Seepocken war die Sache aber absolut klar: Man hat es mit einfachen, erst im Erwachsenenalter festsitzenden und dann lebenslänglich mit ihrem Substrat verhafteten Krebsen zu tun.

Seepocken sind im Allgemeinen zwittrig. Zur Fortpflanzung betreiben sie jedoch keine Selbstbefruchtung, sondern tauschen bei Hochwasser ihre männlichen Geschlechtszellen über lange penisähnliche Fortsätze aus, die mindestens so lang sein können wie der Gehäusedurchmesser. Nach der inneren Befruchtung werden die zahlreichen Eier in das freie Wasser entlassen.

→ Seepocken

Die aus dem Ei schlüpfende Seepocken-Larve ist mikroskopisch klein und mit bloßem Auge allenfalls als zuckendes Pünktchen auszumachen. Sie lebt zunächst mehrere Wochen lang im Plankton. Wenn sie zur festsitzenden Lebensweise übergeht und sich dabei zuerst mit dem Kopf an der Unterlage festzementiert, wandelt

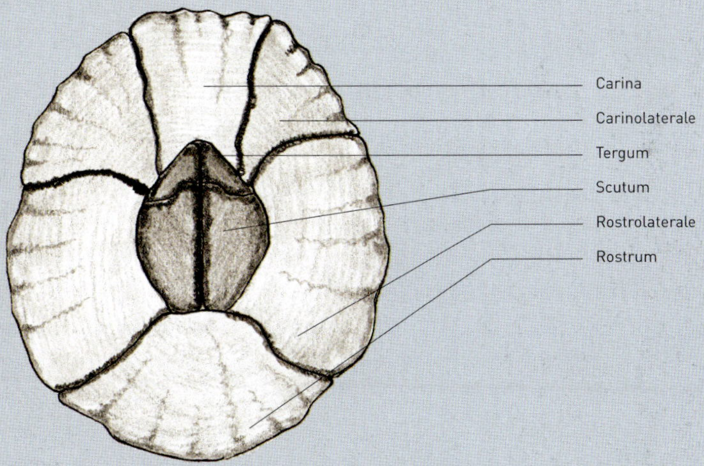

Gehäusearchitektur einer Seepocke

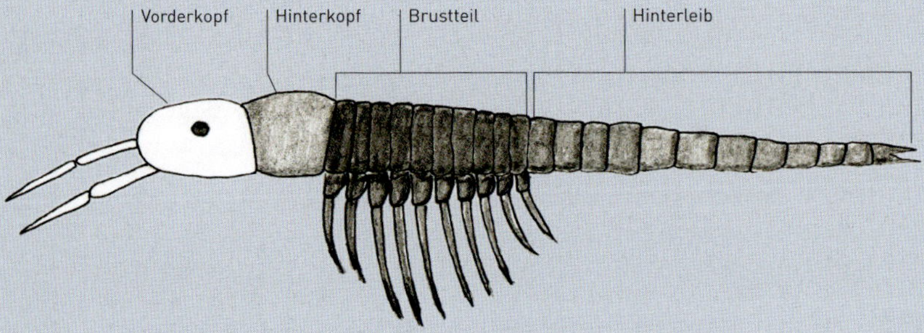

Ursprungsform: frei schwimmender Krebs

Seepocke nach Umwandlung der Ursprungsform (ohne Gehäuse)

sie sich in kurzer Zeit völlig um. Dabei legt sie gleichzeitig ein aus mehreren Kalkplatten bestehendes Gehäuse an, das in der Mitte einen verschließbaren Deckel aufweist. Er ist zwar vierteilig, arbeitet jedoch wie ein rechter und linker Türflügel. Anhand der Form und der Größe dieses Kalkgehäuses kann man die verschiedenen Seepocken-Arten relativ einfach unterscheiden. Am häufigsten ist in der Gezeitenzone der Nordsee die Gewöhnliche Seepocke *(Semibalanus balanoides)* anzutreffen.

Die innere Organisation der Tiere ist nur schwer zu ergründen. Am besten stellt man sich eine Seepocke als einen S-förmig gekrümmten und auf den Kopf gestellten Kleinkrebs vor. Die hintersten drei Beinpaare (4–6) werden zu einer Fangreuse. Deren Schlagbewegungen dienen wie bei allen Filtrierern nicht nur dem Nahrungserwerb, sondern auch dem Austausch des Atemwassers. Beim **Trockenfallen** behalten die Tiere einen kleinen Wasservorrat im Gehäuse zurück. Der Deckel wird nur

26← «Im Rhythmus der Gezeiten»

Gestaltwandel (Metamorphose) einer Seepocke

teilweise verschlossen, sodass Sauerstoff hineingelangen kann. Geringe Beinbewegungen verteilen das O_2-angereicherte Wasser in der Gehäusekammer. Wegen der besonderen Form und Funktion der rhythmisch schlagenden Gliedmaßen nennt man die gesamte Verwandtschaft der Seepocken auch Rankenfüßer (Cirripedia). Gewöhnlich liegt die Frequenz der Rankenfüße temperaturabhängig bei etwa 20–60 Schlägen je Minute.

Zur Entrollung der Rankenbeine erhöht die kräftige Muskulatur im Vorderkörper den Blutdruck (Herz und Blutgefäße fehlen). Das muskelvermittelte Rückholmanöver treibt das Blut aus den Rankenfußhohlräumen wieder zurück.

Allein die unter Wasserbedeckung vorgestreckten Extremitäten, die man allerdings nur mit einer guten Lupe erkennen kann, geben einen Hinweis auf die verwandtschaftliche Zugehörigkeit zu den Gliederfüßern.

Beobachtungstipps – Aus dem Leben der Seepocken

› Seepocken kann man nicht einfach von ihrer Wuchsunterlage lösen, ohne sie zu zerstören. Suchen Sie sich daher eine von Seepocken bewachsene Muschelschale, einen kleinen Stein oder ein Zweigstück aus einem Schlickfangzaun im Deichvorland. Setzen Sie die Seepocken mit der Wuchsunterlage in ein Glas mit frischem Meerwasser. Wenn das Glas ruhig steht, öffnen die Tiere ihre Deckel, strecken ihre fein verzweigten Beine, breiten sie fächerartig aus und beginnen mit weit ausholenden Bewegungen zu schlagen. Die Schlagbewegung dient gleichzeitig der Sauerstoffaufnahme und dem Ausseihen von Nahrungspartikeln.

› Gehen Sie an einem feuchten, windstillen Tag bei Niedrigwasser vorsichtig an eine aus Reisigbündeln aufgeschichtete Lahnung. Sobald Ihr Schatten auf die Seepocken fällt, reagieren sie mit dem kompletten Verschluss ihrer vorher trotz Trockenliegens immer noch leicht geöffneten Gehäusedeckel. Dabei treten kleine Wasserblasen aus, die ein leises Brausen hervorrufen – ähnlich wie in einem Glas mit Sprudelwasser.

Fragen

› Wo verbringt die mikroskopisch kleine Seepocken-Larve die ersten Wochen ihres Lebens?

› Welche Seepockenart ist an der Nordseeküste die häufigste?

→214 Antworten

Raststation Watt

In allen Küstengebieten der Erde leben viele Vögel. Das Wattenmeer an der Nordsee ist jedoch eines der fünf vogelreichsten Gebiete der Erde überhaupt: Immerhin suchen jährlich schätzungsweise 10 Millionen Vögel dieses Gebiet auf. Halten sich schon zur Brutzeit rund 500 000 **Vögel im Wattenmeer** auf, so erhöht sich diese Anzahl im Herbst auf ein Vielfaches: Zu den Brutvögeln gesellen sich die zahlreichen Durchzügler auf ihrem Zugweg von den (hoch)nordischen Brutgebieten in den Süden. Auch die ersten Überwinterer treffen nun an unseren Küsten ein. Im Herbst bis in den Dezember können Sie im Watt gleichzeitig 100 und mehr Arten beobachten – dasselbe Schauspiel wiederholt sich übrigens im Frühjahr, wenn die Vögel auf dem Rückzug zu ihren nordischen Brutgebieten sind.

← Vögel an der Nordsee

Die ostatlantische Hauptroute der **Wattvögel**, der east atlantic flyway, führt von Skandinavien und dem finnischen Archipel entlang der Küsten nach Frankreich, Spanien und Nordafrika. Manche Arten fliegen sogar bis in die äquatorialen Gebiete Westafrikas, wo sie den Winter verbringen. In den nahrungsreichen Wattgebieten an der Nordseeküste sowie an vergleichbaren Küstensäumen der Ostsee legen die Zugvögel eine ausgiebige Rastpause ein, denn sie müssen rasch an Gewicht zulegen. Nur so können sie die bevorstehende, oft viele Tausend Kilometer lange Strecke in die Wintergebiete überhaupt überstehen. Nirgendwo finden sie so viel Nahrung wie gerade im Watt. Zum Fressen halten sich die gefiederten Gäste einzeln oder scharenweise an oder auf den im Tidenrhythmus freigefallenen Sedimentflächen auf – die aus der Ferne ziemlich eintönig und öd erscheinenden Wattflächen bieten dann jede Menge Beobachtungsmöglichkeiten. Während der Flut finden sich die Vögel auf den angrenzenden Salzwiesen oder binnendeichs auf dem Grünland ein.

217← «Vögel im Watt und am Strand»

Wattvögel auf dem Durchzug

Der Knutt oder Island-Strandläufer (Calidris canutus), im Brutgebiet der arktischen Tundra eher ein Einzelgänger, zieht in riesigen Schwärmen über das Wattenmeer. Typisch für diese Art: Fliegen die Vögel niedrig, wirkt der Schwarm eher gestreckt und auseinandergezogen, während er beim Flug in der Höhe ein großes Oval bildet. Faszinierend ist es auch, den Farbwechsel eines solchen Schwarms zu beobachten: Weil alle Vögel fast zeitgleich die Richtung ändern, wechselt die Farbe der Knutt-Wolke plötzlich von Weiß nach Silbergrau und zurück. Rostrottöne verraten Ihnen, dass manche Knutts noch ihr Brutkleid tragen und erst bei der Rast im Wattenmeer fertig mausern.

Knutt *(Calidris canutus)*

Steinwälzer *(Arenaria interpres)*

Sanderlinge sind nur so groß wie ein Star. Als einziger unter den verschiedenen Strandläuferarten besitzt der Sanderling keine Hinterzehe; deshalb wird er in den Niederlanden Dreizehenstrandläufer (Drieteenstrandloper) genannt.

Beobachtungstipp – Klein, flink und aufgeregt

Sanderling

Beobachten Sie einen silbergrauen Vogel mit weißem Bauch, der in kleinen, flinken Trupps mit kleinen Schritten aufgeregt der auf- und ablaufenden Wasserlinie folgt, so haben Sie **Sanderlinge** *(Calidris alba)* entdeckt. Geschickt weichen sie bei der Suche nach angespülten Würmern, Krebsen, Muscheln und Schnecken den anrollenden Wellen aus. Sanderlinge brüten in der Tundra und auf Inseln der Arktis, sie rasten auf dem Zug ins westliche Europa an der Küste. Manche verbringen auch den Winter bei uns.

Großer Brachvogel *(Numenius arquata)*

Im Hinterland

Der **Kiebitz** *(Vanellus vanellus)*, der mit etwa 100 000 Paaren auch an unseren Küsten brütet, tritt nun noch deutlicher in Erscheinung, denn er bildet zusammen mit den Durchzüglern und Überwinterern aus dem hohen Norden riesige Schwärme, die Sie leicht an der merkwürdig taumelnden Flugweise und den wummernden Flügelschlägen erkennen. Dann landen die Vögel auf Feuchtwiesen, Rieselfeldern und im Marschland, wo sie nach Würmern, Insekten und deren Larven suchen.

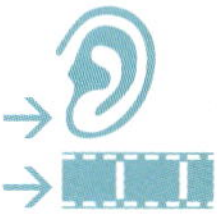

Kiebitz

Von Enten und Gänsen

Zur Zugzeit und als Wintergäste halten sich rund 20 verschiedene Gänse- und Entenarten im Wattenmeer auf. Schon im Herbst beginnen die Männchen ihr arttypisch prächtig buntes Prachtgefieder zu entwickeln! Die prächtigste Ente ist die **Eiderente** *(Somateria mollissima)* mit dem markant flachen Kopf und Schnabel – die Männchen tragen bis November noch ihr schwarzes Schlichtkleid, und im Winter erstrahlen sie dann wieder im schwarz-weißen Prachtgefieder und werden buchstäblich zu Grünschnäbeln, während die Weibchen wie bei allen Enten zurückhaltend schwarz-braun bleiben. Ausgezeichnet tauchend und schwimmend, erbeuten sie vor allem Miesmuscheln, aber auch **Schnecken** und Krebstiere in bis zu 35 m Tiefe. Dabei verschlucken Eiderenten ihre Beute als Ganzes, der muskulöse Kaumagen erledigt das Zerkleinern. Gerne fallen diese Enten in kleinen und großen Trupps ins Wattenmeer ein.

Eiderente

→175 «Aus dem Leben der Schnecken am Strand»

Männchen der Eiderente *(Somateria mollissima)* im Prachtkleid

Beobachtungstipp – Enten überall

Besonders gut können Sie Eiderenten bei einem Spaziergang im Hafen beobachten. Dort finden sich auch andere Entenarten ein, ebenso auf den kleinen Gewässern in Küstennähe und auf den Speicherseen hinter dem Deich.

Beobachtungstipp – Sensible Gäste

Hungrig und eventuell auch abgemagert kommen die Vögel an der Küste an, denn sie haben schon einen langen Flug hinter sich. Im Watt stillen sie ihren Hunger und fressen sich für den Weiterflug die verlorenen Reserven wieder an. Darum ist jede Störung ungünstig für ihren Zug in den Süden. Nehmen Sie unbedingt Rücksicht auf die Vögel und halten Sie mindestens 300 m Abstand zu ihnen ein. Mit einem guten Fernglas oder Spektiv können Sie die Vögel auch von Wegen und Plätzen aus sicherer Distanz gut beobachten. Schließen Sie sich einer von einem geschulten Vogelkundler geführten Wanderung an.

Fragen

- Was beobachten Sie, wenn ein riesiger Schwarm von Knutts (Island-Strandläufer, *Calidris canutus*) über das Wattenmeer fliegt?
- Was suchen die bis zu 23 cm langen Steinwälzer *(Arenaria interpres)*, wenn sie mit ihrem leicht aufwärtsgebogenen Schnabel kleine Steine und Algen umdrehen?

214←
Antworten

Reiherente *(Aythya fuligula)*

Von Wasser, Wind und Wellen

Gewiss kennen Sie das folgende Phänomen: Der frisch aufgebrühte Kaffee oder Tee ist für den Direktkonsum noch etwas zu heiß. Um ihn auf Trinktemperatur abzukühlen, pusten Sie über die Oberfläche der Tassenfüllung. Jetzt tritt augenblicklich eine Menge faszinierender Physik in Aktion: Ihre Puste treibt die eventuell noch vorhandenen Schaumbläschen auf den jenseitigen Tassenrand zu, und gleichzeitig schwappen dort Kaffeewellen an – gegebenenfalls sogar über.

Diese Ereignisfolge im Kleinstgewässer Kaffeetasse sind ein überaus treffliches Modell für die Vorgänge am Meer. Auch hier ist überwiegend die Luftbewegung der unmittelbare Auslöser für das ziemlich chaotisch aussehende Wellenrelief auf offener See, fachmännisch «Seegang» genannt. Ebenso verursachen ausschließlich Luftbewegungen das Geplätscher oder tosende **Branden** an der Küste, wenn Welle auf Welle auf den Strand zurollt, sich steil aufbäumt, nach vorn überkippt und als brodelnder Gischtberg auf den Strand donnert.

→187 «Wie das Meer am Festland nagt»

Die See auf See

Wenn der Wind über die See geht, nimmt er seinen Weg nicht ganz so hemmungslos, wie es zunächst aussehen mag. Er streift die Wasseroberfläche und kräuselt zunächst kleine, Kapillarwellen genannte Wellenfronten auf. Diese entwickeln sich alsbald zu kurzen, steileren Rippeln. Physikalisch betrachtet, passiert dabei Folgendes: In der direkt über eine Wasseroberfläche streichenden Luft reißt deren laminare Grenzschicht wegen des höheren Widerstandes ab und wird dabei turbulent. Dadurch entstehen Wirbel mit kleinräumigen Druckunterschieden, die nun die Meeresoberfläche

Kleine Strandwellen

sichtlich verformen. Solange der Wind weht, kommt also ein sich selbst verstärkender Prozess in Gang: Die am Wellenberg aufsteigende Luft erzeugt vor dem Wellenkamm eine kleine Hochdruckzelle, die dahinter zum Wellental abfallende dagegen eine entsprechende Tiefdruckzelle bei entgegengesetzt rotierendem Wirbel. Im Effekt schaukeln sich die Wellenhöhen somit abhängig von Windgeschwindigkeit und Wirkdauer bzw. Weglänge des Windes (in der Fachsprache «fetch» genannt) ständig auf.

Sturm auf Norderney

Beim Durchzug eines Gewitters mit heftigen **Böen** kann sich nur selten eine grobe See entwickeln, wie man in Fachkreisen die hohen Wellen nennt. Dafür ist die Einwirkungsdauer des Windes meist viel zu kurz. Dagegen kann ein Windanlaufweg von etlichen Hundert Kilometern auch eine entsprechend hohe See aufbauen. Ab Windstärke 3 werden die Wellen von kleinen Schaumkämmen gekrönt, die der Seemann Hasenpfötchen nennt. Bei noch heftigerem Luftzug fliegt dann sogar der Schaum davon – wie von den Biergläsern in zugigen irischen Dorfkneipen. Etwa ab Windstärke 6 peitscht der Wind den Schaum von den Wellenkämmen weg und treibt ihn als lange Gischtfahnen vor sich her. Alle Wellen, die im direkten Einwirkungsbereich des Windes entstehen, nennt der Seemann Windseen.

Laue Lüftchen und tosende Brecher

Die Windstärke bezeichnet man international nach der sogenannten Beaufort-Skala (in Bft). Sir Francis Beaufort (1774–1857) entwickelte sie 1806 als Kapitän eines Segelschiffs. Er unterschied die verschiedenen Windstärken folglich nach Effekten in der Takelung.

Große Brandungswelle

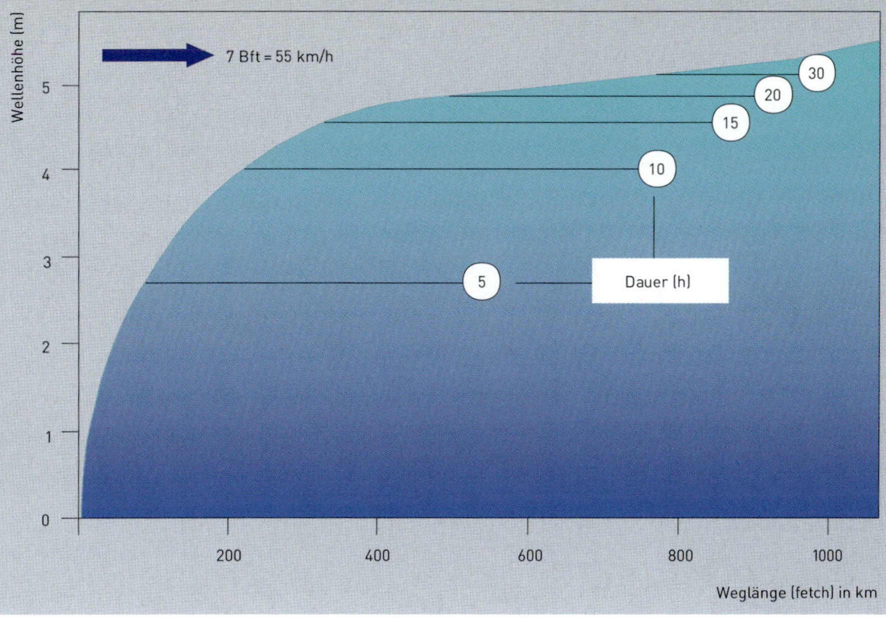

Wegen ihrer Herkunft aus der Seefahrt gibt man die Windgeschwindigkeiten traditionell in Knoten (1 kn = 1 sm/h; 1 sm = 1 Seemeile = 1,852 km = 1 Bogenminute auf dem Meridian bei 45° Breite) an.

Die lang gezogenen und zunächst noch glatten Wellen machen sich gewöhnlich erst dann bemerkbar, wenn sie in Strandnähe überbrechende, wild schäumende Kämme bilden. Was hier wie aus dem Nichts auf den Strand zueilt, bezeichnet man als Dünung. Bei den Dünungswellen handelt es sich immer um die Restwellen bzw. Windseen eines abgeflauten Sturmes oder aus einem entfernten Sturmgebiet. Sie können ohne nennenswerten Energieverlust viele Tausend Kilometer zurücklegen. Ein anhaltender Sturm im Nordatlantik kann somit selbst am südlichen Rand der Nordsee eine ziemlich starke Dünung bewirken. Was sich am Strand an Wellenaktivität ereignet, bezeichnet man als Brandung. Einzelne und besonders heftige Brandungswellen nennt der seemännisch geschulte Beobachter Brandung, noch heftigere Brecher. Sehr hohe Wellen, die sich nach schweren Stürmen aufbauen, können von oben auf den Strand oder eine Mole schlagen. Solche Wellenereignisse sind Sturzseen.

Frage

› Aus welcher Richtung weht der Westwind?

→214
Antwort

Ein Besuch auf der Hallig

26← «Im Rhythmus der Gezeiten»

← Hallig

Gerade im nordfriesischen Küstenraum führten Meeresspiegelanstieg und Landsenkung seit der letzten Eiszeit zu massiven Landverlusten. Sedimentverlagerungen und Anschlickung durch die **Gezeitenströme** ließen jedoch inmitten der nordfriesischen Inselwelt stellenweise erneut kleine Festlandgebilde aus besonders feinkörnigem Material (Marschland) aufwachsen. Diese jungen Sedimentaufschüttungen nennt man Halligen, abgeleitet vom niederdeutschen hol = niedrig (vgl. Holland). Bei jeder Springflut geht der größte Teil des Halliglandes im Tidenrhythmus unter. Dennoch sind die **Halligen** besiedelt: Die Wohn- und Wirtschaftsgebäude sowie sonstige Bauten wie Schule und Kirche stehen auf aufgeschütteten Hügeln, die man Warften nennt. Dort sind sie bei normalen Flutwasserständen geschützt. Sie tragen jeweils besondere Namen. Auf Hallig Gröde gibt es z. B. die Kirchwarft (mit Schule und Kirche) und die Knudtswarft, auf der Hallig Oland ist es die Dorfwarft mit 16 Wohnhäusern, Kirche, Schule und Gemeindehaus.

Obwohl die Wohn- und Wirtschaftsgebäude auf den Warften ständigen ernsten Gefahren durch Wind, Wetter und Wasser ausgesetzt sind und sich schon oft am

Winter auf der Hallig Oland

Rande der Katastrophe befanden, halten die Menschen hier seit vielen Generationen aus. Wenn eine Hallig bei Spring- oder Springsturmflut unter Wasser geht, wird es für Mensch und **Tier** buchstäblich eng. Was bei Niedrigwasser wie eine größere Insel aussieht, löst sich dann in eine Anzahl Mini-Dörfer mit dicht gedrängten Gebäuden auf, die geradezu in der Nordsee zu schwimmen scheinen. Der Besuch einer Hallig ist ein großartiges Erlebnis. Wenn etwas mehr Zeit zur Verfügung steht oder gar eine Übernachtung vorgesehen ist, bietet sich eine genauere Erkundung der einen oder anderen Warft an.

→90 «Total belämmert»

Heute werden alle Halligen mit Strom- und Trinkwasserleitungen vom Festland versorgt. In früheren Zeiten waren die Halligbewohner aber völlig auf sich selbst gestellt. Vor allem die Trinkwasserversorgung war extrem schwierig. Deswegen finden sich bis heute auf fast allen Warften besondere Auffangvorrichtungen für Niederschlagswasser in Form kleiner Süßwasserteiche, die «Fehting» genannt werden.

In den schweren **Sturmfluten** vergangener Jahrzehnte und Jahrhunderte sind zahlreiche Halligen zerstört worden und fast spurlos untergegangen – so beispielsweise die Peterswarft auf Nordmarsch-Langeneß im Jahre 1888. Andere, die näher an der Festlandküste lagen, wurden nach Eindeichung zum Bestandteil eines Koogs. Beispiele sind Hallig Nordtoft in der Wiedingharde, die mit der Eindeichung des Gotteskoogs 1566 verschwand, oder Hallig Ockholm, die man 1515 eingedeicht hat.

→161 «Von Wasser, Wind und Wellen»

Warft und Fehting auf der Hallig Südfall

Bei den anderen Halligen hat man nach überstandenen Flutschäden die Halliggebäude auf den Warften immer wieder repariert oder neu erbaut. Nach der schweren Sturmflut am 16./17. Februar 1962 entschied man sich dafür, die Halligen nicht einfach aufzugeben, sondern durch umfangreiche Baumaßnahmen besser zu sichern. Demnach wurden die Warften erhöht und fallweise mit einem Ringdeich versehen. Die zerstörten Hallighäuser erhielten ein von außen unsichtbares Beton-Skelett, das mehr als 3 m tief in den Warftkörper reicht und deshalb auch bei heftigen Sturmflutwellen so gut wie unangreifbar ist.

Fragen

- Wie heißen die künstlich aufgeschütteten, meist kreisrunden Hügel, auf denen die Hallighäuser stehen?
- Wieviele Halligen gibt es in Deutschland heute noch?

214← Antworten

Warft mit Halligdorf auf der Hallig Oland

Rechte Seite oben: Fliegender Gänsetrupp
Rechte Seite unten: Blässgans *(Anser albifrons)*

In hellen und in dunklen Scharen

Zehntausende Wildgänse aus der Arktis halten sich von August bis Februar in Mitteleuropa auf, um hier zu überwintern – ein beeindruckendes saisonales Schauspiel! Schon Mitte August verlassen die Gänse ihr arktisches Brutareal in der russischen Tundra und beginnen den Flug nach Mitteleuropa. Zunächst können sie über der Ostsee und in Brandenburg gesichtet werden, wo gegen Ende September Massenzuflüge mit etlichen Zehntausend Individuen zu beobachten sind. In den Niederlanden und am Niederrhein erscheinen die nordischen Wildgänse wenige Tage später, zunächst in kleinen Gruppen, später nehmen die Bestände sukzessive zu. Bis Ende November sind die meisten Tiere von Ostdeutschland über die **Küstengebiete** bis in das Winterquartier im Binnenland gezogen. Schon ab Ende Januar zeigt sich in den Gänsescharen eine gewisse Unruhe, und die ersten Tiere verlassen ihre Winter-

→152 «Raststation Watt»

quartiere wieder Richtung Nordosten. Bis Anfang März ist der größte Teil über Ostdeutschland, das Baltikum und Weißrussland wieder in Richtung Tundra abgezogen. Die durchschnittliche Flugstrecke der sibirischen Gänse zwischen Brut- und Überwinterungsgebiet misst je nach Route bis zu 6000 km, fallweise sogar bis 9000 km. Je 100 km Flugstrecke verbrauchen die Tiere etwa 10 g von ihrer Fettreserve. Den für den Rückflug und den Start des Brutgeschäftes erforderlichen Fett- bzw. Energievorrat müssen sie sich während der Winterwochen auf dem saftigen Grünland in Mitteleuropa anfressen. Der Aufenthalt im Überwinterungsgebiet ist daher für den Bruterfolg eine besonders kritische Phase.

Beobachtungstipp – Hektische Mahlzeiten

Tagsüber sieht man die Gänse fast immer bei der Nahrungsaufnahme. Sie zupfen etwa 80–100 Mal je Minute die 1 cm-Spitzenregion frischer Gras- oder anderer Blätter ab – täglich etwa 70 % ihres Eigengewichtes. Trotz dieser erheblichen Biomassenentnahme ist der Frieden mit der Landwirtschaft unterdessen weitgehend hergestellt: Auf den Grünlandflächen werden die Verluste durch den Düngeeffekt der tierischen Ausscheidungen kompensiert, und für etwaige Ertragseinbußen auf den Getreideparzellen gibt es fallweise Entschädigungszahlungen.

Weißwangengänse weiden gerne auf Grünland.

Drei Arten, drei Entwicklungen

Blässgänse *(Anser albifrons)* erkennt man an ihrem rosafarbenen Schnabel, einer schneeweißen Federblässe zwischen Schnabelgrund und Stirn sowie einer auffälligen dunkelbraunen Querstreifung im Bauchgefieder. Bei Jungtieren aus der letzten Brutsaison, die sich auch im Winterquartier üblicherweise bei ihren Eltern aufhalten, fehlen die weiße Blässe und die Bauchstreifung.

Blässgans

Eine weitere bemerkenswerte Wildgans-Art ist die **Saatgans** *(Anser fabalis)*, deren Überwinterungszahlen in den letzten Jahren etwas rückläufig sind. Saatgänse unterscheiden sich von den anderen Feldgänsen durch ihren schwarzgelben Schnabel und das dunkel erd- bis fast schokoladenbraune Kopfgefieder. Außerdem fehlen ihnen hellgraue Flügelfelder und die markante Streifung im Bauchbereich. Ihr Rückgang zeichnet anders als bei der extrem seltenen Zwerggans *(Anser erythropus)* keine aktuellen Bestandseinbrüche nach, sondern spiegelt lediglich ein verändertes Zugverhalten wider. Ihren Namen trägt diese nordische Wildgans zu Recht: Nach dem Eintreffen im Winterquartier halten sich die Tiere auch im Küstenraum vorwiegend auf abgeernteten Mais- und Rübenäckern auf, um Nachlese bei den Ernterückständen zu halten, und beäsen dann erst das Wintergetreide.

Saatgans

Graugans *(Anser anser)* beim mittäglichen Bad – und das auch noch im Winter

Der Saatgans sehr ähnlich ist die etwas kleinere Kurzschnabelgans *(Anser brachyrhynchus)*, die allerdings nicht in Sibirien, sondern in Ostgrönland, auf Island und Spitzbergen brütet. An den deutschen Nordseeküsten sieht man die Art auf dem Herbst- oder Frühjahrszug nur recht selten – die küstennahen Überwinterungsquartiere liegen mehrheitlich in den Niederlanden, in Belgien und in Nordfrankreich.

Graugans

Die **Graugans** *(Anser anser)*, der größte Vertreter der grauen Feldgänse, ist eine ursprünglich heimische Art. Ihre Vorkommen waren infolge ungezügelter Bejagung bis Ende des 19. Jahrhunderts in vielen Gebieten nahezu erloschen. Unterdessen haben sich die Bestände wieder gut erholt, sodass man die Graugans auch in den Küstengebieten von Nord- und Ostsee ganzjährig beobachten kann.

Auf Schleifenzug

Weißwangengans

Die **Weißwangen-** bzw. Nonnen**gans** *(Branta leucopsis)* gehört, anders als die oben aufgeführten Arten, nicht zu den Feld-, sondern zu den Meergänsen. Während früher nur wenige Weißwangengänse eher als versprengte Individuen vor allem mit den Blässgänsen in ihre westlichen Überwinterungsquartiere flogen, zeichnet sich in den letzten Jahren ein verändertes Zugverhalten ab: In den Frühherbst- und Winterwochen halten sich die schmucken Weißwangengänse scharenweise vor den Küsten auf. Erst beim Frühjahrsrückzug fliegt ein größerer Teil der Tiere nicht direkt entlang der Nordseeküste nach Schweden, Finnland und Weißrussland ins Brutgebiet zurück, sondern folgt zunächst dem Rheindelta nach Südwesten und schwenkt dann erst über das Binnenland in die Nordostroute ab.

Auch die Ringelgans gehört zu den Meergänsen. Sie ist die dunkelste, kleinste und am engsten an die Küstenlandschaft gebundene Gänseart. Die weißen halbmondförmigen Flecken an jeder Halsseite wirken aus der Distanz wie ein weißer Ring, was der Art den Namen eingetragen hat. Die Art gliedert sich in drei Unterarten, von denen man an den Nord- und Ostseeküsten fast ausschließlich die dunkelbäuchige Ringelgans *(Branta bernicla bernicla)* beobachten kann.

Ihr Brutgebiet sind die nordsibirische Küste und die vorgelagerten Inseln. Schon Mitte August verlassen die Tiere ihre Brut- und Mauserplätze, sammeln sich in Meeresbuchten oder an Flussmündungen und ziehen ab September weiter westwärts. Zu den größten Ansammlungen der Ringelgans kommt es in den niederländischen und deutschen Wattengebieten aber im April und in der ersten Maihälfte.

Beobachtungstipp – Exoten sind auch dabei

› Das Spektrum der beobachtbaren Wildgänse ist mit den erwähnten Arten keineswegs erschöpft. Unter menschlicher Mitwirkung haben sich in der modernen Kulturlandschaft auch etliche Vogelarten aus anderen Kontinenten als Brutvögel etablieren können. Zum Teil geschah dies durch gezielte Auswilderung, zum Teil etablierten sich die Populationen aber auch aus Zoo- bzw. Parkflüchtlingen. Ganzjährig beobachtbar sind unterdessen Nil-, Rost-, Kanada- und Streifengans.

Fragen

› Woran erkennt man die bekannten Graugänse in einem gemischten Gänsetrupp?
› Wie heißt der kleine schwedische Held, der im Kinderbuch von Selma Lagerlöf mit den Wildgänsen nach Lappland fliegt?
› Worauf bezieht sich der Name «Ringelgans»?

→215 Antworten

Ringelgänse *(Branta bernicla bernicla)*

Felsen mit Flecken

149← «Alle sitzen lebenslänglich»

An jeder gezeitenbeeinflussten Hartbodenküste werden Ihnen die zwischen Niedrig- und Hochwasserlinie etagenartig gestaffelten Siedlungsbänder der dort **festsitzenden Arten** auffallen – an einer wilden Felsküste ebenso wie an der geschützten Hafenmole, sobald sie zur Ebbezeit den Blick auf ihren Bewuchs freigibt. Hier findet sich aber nicht nur die strikt zonierte und immer wieder erstaunliche Abfolge bestimmter Grün-, Braun- und Rotalgen. Etwas weiter oben, im Verzahnungsbereich zur eigentlichen Festlandvegetation, schmückt sich das Gestein und Mauerwerk mit vielen kräftig gefärbten Flechten.

Arten im Doppelpack

Flechten gehören zu den besonders seltsamen Lebewesen unseres Planeten. Bei der schwarzen Kruste oder dem dottergelben Fleck, den Sie gerade auf einem küstennahen Stein betrachten, handelt es sich nämlich nicht um eine Art, sondern um zwei grundverschiedenen Organismentypen: In einer Flechte schließen sich jeweils eine Pilz- und eine mikroskopisch kleine Bakterien- oder Algenart zu einer innigen

Küstenfelsen mit buntem Flechtenteppich

Lebens- und Funktionsgemeinschaft zusammen. Die in einer Flechte enthaltenen Cyanobakterien oder Grünalgen sind der Kern des Flechtenbetriebs: Genauso wie die grünen Pflanzen stellen sie durch Fotosynthese energiereiche organische Stoffe her, von denen auch ihr Pilzpartner lebt. Dieser ist bei den in Mitteleuropa vorkommenden Flechten fast immer ein Vertreter der Schlauchpilze (Ascomyceten).

In der Tat geheimnisvoll ist nun, wie der Pilz und seine Fotosynthese-Partner mit ihrem Zusammenschluss ein gänzlich anderes Aussehen annehmen. Nichts an einem Flechtenlager erinnert an ein gewöhnliches Pilzgeflecht, und von den darin eingebauten Algen ist mit bloßem Auge auch nichts zu sehen. Zudem ist erstaunlich, dass das Gemeinschaftsgebilde Flechte ökologisch sehr viel mehr kann als jeder der Einzelpartner für sich alleine genommen: Eine **Flechte** erträgt höllische Hitze ebenso wie klirrende Kälte. Auch von längerer Trockenheit lässt sie sich überhaupt nicht beeindrucken. Und die direkt am Meer vorkommenden Vertreter vertragen natürlich auch die ständige Belastung durch salzhaltiges Wasser im raschen Wechsel mit Regengüssen.

→ Flechte

Europaweite Trikolore

Ähnlich wie Tange der Gezeitenzone bilden auch die Meeresflechten horizontal gestaffelte Siedlungsbänder, die übereinanderliegend schwarz, goldgelb und graugrün sind.

Dreifarbenfolge an einer Steinmole: Unten Braun- und Grünalgen, dann schwarze, graue und schließlich gelbe Flechten

← Seepocken

Zuunterst – anschließend an die obersten Algen und **Seepocken** – treten nahezu flächendeckend teerschwarze Flechten auf. Küstenurlauber verwechseln sie oft mit irgendwelchen Mineralölhinterlassenschaften aus der Schifffahrt. Die wichtigste Art ist hier die Schwarze Krustenflechte *(Verrucaria maura)*, deren Lager feucht tiefschwarz, grobrissig gefeldert und samtig rau erscheinen. Zusammen mit den Seepocken markiert sie ungefähr die Hochwasserlinie.

Enorm kontrastbetont schließt sich an die schwarze Zone ein breites Band knallgelber und ziemlich artenreicher Flechten an. Leitart ist die Goldgelbe Schönflechte *(Caloplaca marina)*, eine formenreiche Flechte mit krustigem, unregelmäßig schuppenförmig aussehendem Lager. Etwas gröber sind die Lagerlappen bei der kräftig gelben Mauerflechte *(Xanthoria parietina)*, die meist ebenfalls deutlich sichtbare Fruchtkörper aufweist. Im feuchten Zustand sieht sie leicht grünlich aus.

Den Abschluss der dreifarbigen Flechtengürtel bilden verschiedene graue bis graugrüne Arten. Gänzlich einfarbig hellgrau bis fast weiß ist die in großen Flecken mit zahlreichen gleichfarbenen Fruchtkörpern auftretende *Ochrolechia parella.*

Frage

215← Antwort

› Wo finden Sie am ehesten die ideale Abfolge mit schwarzen, gelben und graugrünen Flechtensäumen?

Grüngraue Astflechte *(Ramalina siliquosa)*

Aus dem Leben der Schnecken am Strand

Während die meisten in Nord- und Ostsee vorkommenden **Muschelarten** im Sediment stecken und sich fallweise sogar bohrend in Gestein oder Holz vertiefen, sind die im Watt lebenden Schnecken ausnahmslos Oberflächentiere. Zwar suchen sie – vor allem während der Niedrigwasserzeiten – gerne die Ritzen und Fugen im Gestein oder geeignete Verstecke zwischen den großen Tangbüscheln auf, führen aber niemals das Leben der dauerhaft im Wattboden lebenden Unterirdischen. Das ist eigentlich schon erstaunlich genug: Immerhin sind die im Watt vorkommenden Schnecken echte Meerestiere und keine zugewanderten Landschnecken. Sie müssen also über bewährte und zuverlässige Angepasstheiten verfügen, die ihnen auch während des periodischen Trockenliegens im Tidenrhythmus das Überleben sichern.

→68
«Wie funktioniert eine Muschel?»

Verharren auf dem Trockenen

Eine der häufigsten Arten im Watt ist die **Gewöhnliche Strandschnecke** *(Littorina littorea)*. Ihre kräftigen, dickwandigen, an der Mündung fast weißen und kegelförmigen Gehäuse werden bei etwa 7 Windungen bis zu 4 cm hoch. Die große Littorina ist zwar auch im Weichbodenwatt anzutreffen, bildet aber auf festem Substrat wie

→ Gewöhnliche Strandschnecke

Gewöhnliche Strandschnecke
(Littorina littorea)

anstehendem Fels, Molen und Muschelbänken viel dichtere Bestände mit bis zu 200 Individuen/m^2. Sie ist der typische Weidegänger im Watt und raspelt mit ihrer rauen Zunge mikroskopisch kleine Kieselalgen, Algenkeimlinge sowie die Larven von Wirbellosen wie die der Seepocken ab, die sich gerade festgesetzt haben, um mit ihrer Umwandlung zu beginnen.

Beobachtungstipp – Der Strandschnecke auf der Spur

Der Raspelweg, den eine Strandschnecke unter Wasserbedeckung zurückgelegt hat, ist zur Ebbezeit auf flachen Steinen gut zu sehen. Es ist ein ungefähr 1cm breites, in mancherlei Windungen verlaufendes Band, das meist sogar noch die pendelnden Kopfbewegungen des Tieres nachzeichnet. Auf diese Weise hinterlässt die Schnecke ein hübsch aussehendes und recht eigenwilliges Dekor – ein wunderbares Fotomotiv.

Paarungskette der Pantoffelschnecke
(Crepidula fornicata)

Bei ablaufendem Wasser ziehen sich die **Schnecken** – wenn ihr Lebensraum es zulässt – in sonnengeschützte und einigermaßen feucht bleibende Winkel zurück. Sie verschließen ihr Gehäuse mit einem hornigen Deckel. Ein winziger Spalt lässt dennoch genügend Luftsauerstoff in die Kiemenhöhle eintreten, deren Wand stark mit Blutgefäßen durchsetzt ist und fast schon eine Art Lunge darstellt. Strandschnecken sind getrenntgeschlechtlich. Nach innerer Befruchtung entlässt das Weibchen rundliche Eikokons in das freie Wasser. Die Larven leben eine Weile im Plankton und gehen dann zum Bodenleben über.

→90 «Die schnellste Schnecke der Welt»

Verkettung von Männchen und Weibchen

Eine der bemerkenswertesten im Weichbodenwatt vorkommenden Arten ist die Pantoffelschnecke *(Crepidula fornicata)*, die ursprünglich nur an den Küsten Nordamerikas beheimatet war. Mit Saataustern gelangte sie um 1870 zunächst an die niederländische Küste und wurde 1934 erstmals auch im nordfriesischen Wattenmeer gefunden. Unterdessen ist sie fast an allen europäischen Küsten von Südnorwegen bis Spanien verbreitet.

Vieles ist ungewöhnlich an dieser Art. So ist ihre bis zu 5 cm lange und ziemlich feste Schale mit knapp 1,5 Windungen so gut wie gar nicht gewunden und erinnert – leer und von unten betrachtet – tatsächlich an einen Pantoffel. Einzigartig ist auch, dass sie sich an einer zusagenden festen Unterlage festsaugen und fortan ziemlich standorttreu leben. Das setzt natürlich eine besondere Ernährungsweise voraus: Im Unterschied zu allen anderen Schneckenarten, die sich raspelnd ernähren, sind Pantoffelschnecken ausnahmsweise Filtrierer.

Sie legen zwei Schleimfilter aus, einen an der Einströmstelle zum Kiemenraum und den zweiten im Kiemenraum selbst. Mit ihrer Kieme erzeugen sie einen Wasserstrom, aus dem sie geeignete Nahrungspartikeln ausfiltrieren. Dieser besondere Nahrungserwerb ermöglicht es einer Männchen-Weibchen-Kette, völlig ortsfest auf dem Wattboden zu verharren. Man wird diese Schneckenart also nicht kriechend antreffen.

Die Weibchen deponieren nach innerer Befruchtung ihre Eipakete bis zum Schlüpfen der Larven in einem Hohlraum zwischen Fuß und Kopf. Etwa einen Monat lang leben die weit entwickelten Larven im Plankton und setzen sich dann vorzugsweise auf der Schale eines weiblichen Artgenossen fest. In diesem Stadium sind die Tiere männlich. Allmählich wandeln sie sich aber in Weibchen um. Durch weitere Ansiedlungen von Jungschnecken entstehen Ketten mit bis zu einem Dutzend Individuen. Die untersten Tiere darin sind immer Weibchen, die obersten immer kleine Männchen. Dazwischen befinden sich Individuen in verschiedenen Stadien der Geschlechtsumwandlung. Wie dieser Wandel gesteuert wird, ist immer noch unklar.

Fragen

- Wo trägt die Strandschnecke den Deckel, mit dem sie ihr Gehäuse verschließen kann?
- Welcher Besonderheit vermag die Raue Strandschnecke *(Littorina Saxatilis)*?

215← Antworten

Raue Strandschnecke *(Littorina saxatalis)*, mitunter siedeln mikroskopisch kleine Grünalgen in der oberen Schalenschicht (links oben).

Kurzinformationen Herbst

Tangfliegen

Mengenweise wirft die Brandung nach kräftigen Stürmen losgerissene Tangbüschel auf den Strand und häuft sie dort zu langen Wällen auf, die mit der Zeit nicht gerade besonders einladend duften. Dennoch stellen auch sie besondere und interessante Lebensräume dar, über die man lange Zeit nur wenig wusste.

Stochert man in den **angeschwemmten Algenansammlungen** ein wenig herum oder schiebt sie mit dem Fuß beiseite, schwärmen ganze Wolken kleiner schwarze Fliegen davon. Es sind Tangfliegen – fast immer die beiden Arten *Coelopa frigida* sowie *Coelopa pilipes.* Zu Tausenden leben ihre Larven in den modernden Tanghaufen und ernähren sich (vermutlich) von den Unmengen Bakterien, die den organischen Abbau der toten Tangbiomasse erledigen. Die Fliegenlarven verpuppen sich allerdings nicht in den zerfallenden Algen, sondern im Sand oberhalb des Spülsaums. Das letzte (dritte) Larvenstadium verlässt die abgestoßene Häutungshülle zur Verpuppung nicht mehr, sondern verwendet diese als zusätzliche schützende Verpackung. Meist bringen die Tangfliegen drei Generationen im Jahr hervor.

→134 «Schätze vom Wellensaum»

Vom Strand zum Saftladen

Der Sanddorn *(Hippophae rhamnoides)* wächst meist strauchförmig und wird etwa 3 m hoch. Er kann sich aber auch zum kleinen Baum bis etwa 8 m Wuchshöhe entwickeln. Von Natur aus hat er in Mitteleuropa zwei räumlich weit voneinander getrennte Verbreitungsgebiete: Einerseits tritt er als Pioniergehölz auf den Schotterauen der Alpen- und Voralpenflüsse auf, andererseits ist er eine typische Pflanze der **Küstendünen** und besonders entlang der Ostsee verbreitet.

→98 «Bewegt und bewegend»

Sanddorn ist zweihäusig – es gibt also männliche und weibliche Exemplare. Die völlig unscheinbaren Blüten entfalten sich lange vor dem Laubaustrieb schon im März. Ab Spätsommer entwickeln sich aus den befruchteten weiblichen Blüten die meist ziemlich dicht stehenden, leuchtend orangeroten Sanddorn«beeren», die in Wirklichkeit Scheinfrüchte sind. Die reifen Scheinfrüchte sind ziemlich dünnhäutig und platzen beim Anfassen leicht auf. Man erntet sie daher am besten mit einer Schere. Roh schmecken sie ziemlich sauer wegen des hoch konzentrierten Vitamins C (Ascorbinsäure). Vor allem im Ostseeraum wird Sanddornsaft auf vielerlei Weise kulinarisch veredelt.

Beobachtungstipp – Platt auf dem Blatt

Schauen Sie sich mit einer guten Lupe die silbrig-grünen Blätter des Sanddorns an. Sie sind auf beiden Seiten mit wunderschönen grauweiß erscheinenden und flach anliegenden Schildhaaren besetzt, die wie vielzackige Sternchen aussehen. Noch schöner zeigen sich ihre aparten Formen allerdings im Mikroskop. Relativ früh im Herbst verfärben sich die Blätter rötlichbraun, obwohl der Laubfall erst spät im November erfolgt.

Neue Tiere und Pflanzen an den Küsten

Tierische und pflanzliche Neubürger aus aller Welt haben nicht nur das Hinterland, sondern auch die Küsten erobert. Viele schafften dabei den Sprung über die Meere in der Fracht und im Ballastwasser von Schiffen. Den wollig dicht behaarten Scheren der Männchen verdankt die **Wollhandkrabbe** *(Eriocheir sinensis)* ihren Namen, deren Heimat das chinesische Gelbe Meer ist. Von dort kamen ihre Larven am Anfang des 20. Jahrhunderts im Ballastwasser nach Europa, eroberten erst die Nordseehäfen,

Wollhandkrabbe

Sanddorn *(Hippophae rhamnoides)*

dann über den Nord-Ostsee-Kanal die Ostseeregion. Heute ist sie sogar im Rhein heimisch.

Auch die Amerikanische Schwert- oder Scheidenmuschel *(Ensis americanus)* gelangte etwa 1978 mit dem Ballastwasser von Nordamerika ins Watt. Seitdem breitet sie sich dort rasant aus und besiedelt die weichen Sand- und Schlickböden. In dicht besiedelten Gebieten leben bis zu 400 Amerikanische Schwertmuscheln auf einem Quadratmeter Boden.

In Aquakulturen werden heutzutage fast nur noch die robusten, bis zu 40 cm langen Pazifischen Austern *(Crassostrea gigas)* gezüchtet – mit der Folge, dass diese Muscheln Häfen und Felsen besiedeln und auch ins Watt eingedrungen sind. Dort überwachsen sie die heimischen Miesmuschelbänke, die eine wichtige Nahrung für Vögel und andere Tiere sind. Mit den Pazifischen Austern kam auch der Japanische Beerentang *(Sargassum muticum)* nach Europa. Er bildet seither bis zu 4 m lange, stark ästige Gebilde in europäischen Gewässern. Britische Naturschützer unternahmen regelrechte Ausrottungsfeldzüge gegen diese in England «japweed» genannte Makroalge, allerdings vergebens: Seit Mitte der 1980er-Jahre ist der Beerentang auch auf Helgoland und im nordfriesischen Wattenmeer anzutreffen.

Männchen der Wollhandkrabbe
(Eriocheir sinensis)

Was man am Strand so ohne Weiteres nicht sieht, sind die eingeschleppten mikroskopisch kleinen Planktonarten. Die ursprünglich ausschließlich pazifisch verbreiteten Kieselalgen *Biddulphia sinensis, Odontella sinensis* sowie *Coscinodiscus wailesii* sind nur zwei Beispiele von vielen Planktern, die mit dem Ballastwasser der großen Schiffe nicht nur in die Nordsee verschleppt wurden. Alle diese Arten sind heute kosmopolitisch verbreitet.

Steine am Strand

113← «Auf Wattwanderung»

Enthusiastische Sammler unter den **Strandwanderern** stecken auch sehr gerne die glatt polierten und hübsch anzusehenden Steine in die Tasche, die überall am Strand herumliegen. Die Strandsteine an der Ostsee stammen überwiegend aus Skandinavien, Estland oder dem Grund der Ostsee und wurden mit den Gletschern vor Jahrtausenden mitgeschleift, die an der Nordseeküste haben mitunter noch längere

Wurmblättrige Wattenalge
(Gracilaria vermiculiphylla)

Reisen hinter sich. Auch Fossilien – darunter Trilobiten, Donnerkeile und versteinerte Seeigel – und Bernstein werden nach kräftigen Stürmen an die Küsten gespült. Dann können Sie die erstaunlich leichten Bernsteinstücke finden, etwa auf dem Darß, auf Hiddensee und auf Usedom. Im Herbst und Winter haben Sie besonders gute Chancen, denn bei heftigen Stürmen landen sie vermehrt am Strand, und außerdem sind dann meist nur wenige Sammler unterwegs. Bernstein ist versteinertes Harz von Bäumen, die vor vielen Millionen Jahren wuchsen – vor allem der Bernstein-Kiefer *(Pinus succinifera)*, die einst im Eozän vor über 30 Mio. Jahren ausgedehnte Wälder bildete.

Gerade der baltische Bernstein ist ein besonderer Glücksfall für die Forschung: Zahlreiche Kleintiere gingen nämlich den offenbar reichlich verharzten Ästen und Stämmen der eozänen Bernstein-Kiefern buchstäblich auf den Leim, wurden von weiteren Harzflüssen überwallt und blieben so lebensecht versiegelt. Bernstein-Inklusen

Bernstein mit Inklusen

gehören unstrittig zu den besterhaltenen Tierfossilien überhaupt. Als Ensemble bieten sie einen hervorragenden Einblick in das faunistische Inventar der fennoskandischen Wälder im älteren Tertiär. In etwa 5 % aller Bernsteinfunde sind solche Einschlüsse enthalten und als solche natürlich gesuchte Sammlerstücke. Im Bernstein-Museum in Ribnitz-Damgarten sind wunderschöne Beispiele zu sehen.

Kraniche, die graue Eleganz

Jedes Jahr sammeln sich von September bis Mitte November an bestimmten Plätzen an der Ostseeküste unglaubliche Menschenmengen, um einem einzigartigen Schauspiel beizuwohnen: Dem Einfliegen von Tausenden von Kranichen auf den angestammten Schlafplätzen. Etwa eine Stunde vor Sonnenuntergang geht es los. Dann sind schon von Weitem die lauten fanfarenähnlichen «kruh»-Rufe der Trupps aus bis zu 300 Vögeln zu hören, die wie wabernde Grauschleier einfliegen. In der Morgendämmerung verlassen sie ihren Schlafplatz wieder und rasten gruppenweise auf den abgeernteten Getreide- und Kartoffeläckern. Bis zu 90 000 **Kraniche** rasten im Herbst und Frühjahr in der Rügen-Bock-Region auf ihrem Weg von den Brutgebieten der Taiga zu den beweideten Stein- und Korkeichenhainen der spanischen Estremadura, wo die meisten den Winter verbringen.

Kraniche

Kraniche an einem Schlafplatz

Beobachtungstipp – Nur aus diskreter Distanz

- Kraniche haben eine große Fluchtdistanz von mehr als 300 m. Halten Sie also unbedingt genügend Abstand. Wenn alle Vögel ihren Kopf heben, wurden Sie bemerkt: Bereits dann haben Sie die Tiere schon erheblich gestört. Ziehen Sie sich langsam und ruhig dorthin zurück, wo Sie hergekommen sind. Hunde anleinen!
- Beobachten Sie am besten aus dem Auto heraus, denn dann werden Sie von den Kranichen nicht als Bedrohung angesehen. Verlassen Sie dabei aber nicht die öffentlichen Straßen. Benutzen Sie ein gutes Fernglas. Für Fotos sind Teleobjektive ab 400 mm Brennweite erforderlich.

Fragen

- Wieso können Sie Tangfliegen und ihre Larven selbst im Winter bei relativ eisigen Temperaturen antreffen?
- Was geschieht mit den nicht geernteten Scheinfrüchten des Sanddorns über den Winter?

→215–216
Antworten

Kranich *(Grus grus)*

Winter

1
4
3
2

In der kalten Jahreszeit wartet die Küste mit ganz besonderen Erlebnissen auf. Kühle, frische Seeluft lädt zu ausgedehnten Strandspaziergängen und herrlichen Wattwanderungen ein, die den Kreislauf in Schwung bringen und für einen klaren Kopf sorgen: Dann ist es an den Küsten von Nord- und Ostsee zwar viel ruhiger, aber nun können Sie die winterliche Stimmung an Strand und Küste im Wechsel von Ebbe und Flut ganz besonders erleben. Lassen Sie sich dort, im Wattenmeer und hinter den Deichen von verschiedenen gefiederten Wintergästen unter den Enten, Gänsen, Sägern und Watvögeln überraschen. Da bei den Enten nun schon die Paarungszeit beginnt, bieten diese Vögel lebhafte Szenen zum Beobachten. Stürme werfen im Winterhalbjahr zudem besonders viele Schätze an den Strand. Viel Freude bei der Suche!

Wie das Meer am Festland nagt

Knapp 100 km lang ist das Mittelrheintal zwischen Bingen und Bonn – der längste Canyon Europas. Die rechts und links steil aufragenden Talflanken des Rheinischen Schiefergebirges sind – wie ihr fossiler Inhalt eindrucksvoll belegt – ehemaliger Wattboden eines Meeres aus der Devonzeit vor rund 400 Mio. Jahren. Was in diesem Zusammenhang besonders wichtig erscheint: Aus ehemaligem **Meeresboden** kann durch besondere Gestaltungsprozesse der Erdkruste auch wieder Festland entstehen. Die zugrunde liegenden Zeitskalen sind allerdings enorm. Unsere eigene Lebensspanne reicht bei Weitem nicht aus, irgendwo auf der Erde in nennenswertem Maße die Entstehung von neuem Festland aus früherem Meeresboden mitzuerleben. Stattdessen haben wir vielfach Gelegenheit, genau das Gegenteil zu erfahren: Unablässig benagt die ständig anrollende Meeresbrandung das Festland und modelliert an den Küstenlinien herum. Abbrüche, Uferversatz, zurückweichende Kliffs und andere durchweg verlustreiche Geophänomene aus dem Kontaktsaum von Meer und Festland sprechen eine klare Sprache. Regen, Wind, Frost und Brandung sind die Werkzeuge der natürlichen Erosion, unter deren Einfluss sich Felsenfestes ebenso nachhaltig verändert wie Wattweiches. Küstenklippen bestehen nun einmal nicht aus hartem, auch auf lange Dauer widerstandsfähigem Fels, sondern häufig auch aus verwitterungsanfälligem weicherem Material, das naturgemäß viel schneller zum Opfer der Elemente wird.

12← «Meere, Küsten, festes Land»

Die Zusammensetzung der **Küstenfelsen** bestimmt nicht nur ihre Färbung, sondern auch das Ausmaß ihres Schwundes durch abtragende Verwitterung. Weichere und deshalb mechanisch schwächere Gesteine sind daher leichter zu erodieren. Die Erosionsgeschwindigkeit hängt jedoch von der Ausrichtung der Gesteinsschichten zur anbrandenden See, von der jeweiligen Klippenhöhe, der mechanischen Beanspruchung und sonstigen Witterungsbedingungen ab. Kraftvoll greifen die Brecher bei stürmischer See die Kliffs an. Dabei können größere oder kleinere Partien abrutschen. Am Felsfuß wird das Material weiter zerkleinert und mit jeder anklatschenden Woge gegen die restliche Klippe geworfen. Das ist eine Aktion ähnlich einer Bearbeitung mit Hammer und Meißel. Immer weiter schneidet sich das Meer auf diese Weise in die Felsbasis ein und bildet in seinem Einwirkungsbereich eine charakteristische Brandungshohlkehle. Von oben bröckelt abbrechendes Gestein nach, oder es kommt zu Felsstürzen bzw. Hangrutschungen.

56← «Vogelgroßstadt Küstenfelsen»

Erosionsanfälliges Kreidekliff im Nationalpark Jasmund auf Rügen

Kanten und Konturen auf Abruf

Je weicher das anstehende Gestein ist, umso schneller weicht die Klippenkante zurück. An relativ geschützten Stellen kann man die jährlichen Verluste mit etwa 0,5–1 m veranschlagen. An stärker exponierten und damit dem Brandungsangriff nahezu wehrlos ausgesetzten Küstenabschnitten springt der Kliffrand jährlich sogar um Meterbeträge zurück, wie das Beispiel des weichen Geestrandes auf der Insel Sylt zeigt.

Steilküsten aus härterem Material wie Basalt, Granit oder Schiefer sind deutlich standfester und werden daher auch nicht allzu schnell abgetragen. Dennoch knabbert die Erosion auch hier unausgesetzt herum. Schwere Seen zerschmettern das anstehende Gestein, wenn sie gröberes Geröll in der Brandung herumwirbeln oder

Die «Lange Anna» auf Helgoland – Silhouette im Abendlicht

wenn die hohen Wellen die in Fugen, Löchern und Spalten eingeschlossene Luft gewaltsam zusammendrücken. Hat das anbrandende Meer den Gesteinsverband erst einmal geschwächt, setzen Wind, Regen und Frost das zerstörerische Werk unbarmherzig fort.

Wo harter, **verwitterungsbeständiger Fels** mit weicherem Gestein abwechselt und die Schichtkomplexe ungefähr im rechten Winkel auf die Küste zulaufen, werden die weicheren Partien natürlich schneller weggeräumt als die stabileren. So entstehen reich gegliederte und fallweise recht bizarre Kliffküsten.

→161 «Von Wasser, Wind und Wellen»

Tore und Türme

Wo die Brandung besondere Schwachstellen im Gesteinsverband attackiert und vergrößert, entstehen Felstürme und -tore. Brandungstore bilden sich besonders an schmalen Felsvorsprüngen, die beiderseits vom Wellenangriff ausgehöhlt und schließlich durchbrochen werden. Besonders zahlreiche Brandungstore findet man in der portugiesischen Algarve, in der Normandie und in Cornwall. Vor dem Zweiten Weltkrieg gab es auch vor der Westklippe Helgolands etliche Brandungstore, die jedoch den nach 1945 erfolgten Sprengversuchen und Bombardierungen durch das britische Militär zum Opfer fielen. Wenn der First eines Brandungstores einstürzt, bleibt ein Felsturm oder Stack zurück.

Höhlen an der Küste

Wo die Brandung im Gestein vorhandene Klüfte allmählich erweitern und eventuell miteinander verbinden, entstehen Brandungshöhlen. Fortgesetzte Attacken können deren Wände und Decken erweitern und Teile davon einstürzen lassen. Wenn eine Höhlendecke nur stellenweise einstürzt, können eigenartigen Blaslöcher einer Felsküste entstehen, aus denen bei jeder einbrechenden Welle heftige Fontänen herausschießen. Stürzt sie dagegen auf der gesamten Breite ein, bilden sich schmale, steile Schluchten. Bei Sturm und starker Brandung bieten sie ein einzigartiges Schauspiel, wenn die aufgewühlte See polternd und heftig schäumend in solche Eintiefungen einbricht.

Fragen

- In welcher Jahreszeit bricht das meiste Gestein an den Küstenfelsen ab?
- Wie heißt der bekannte Felsturm auf Helgoland?

→216 Antworten

Eisiges von Strand und Küste

Herbstlich-winterliche Nebel lassen Küstenlandschaften oft geradezu gespenstisch erscheinen. Jetzt ist es zwar extrem gefährlich, auf das Watt hinauszugehen, weil man schon nach wenigen Minuten die Orientierung verliert, aber eine Wanderung

Schlechtwetterlage an der Küste

am Strand entlang kann eine eindrückliche Erfahrung sein. Es ist die Zeit der sehr verhalten wirkenden Farben und der superweichen Konturen.

Klirrend kalt und kristallin

Wasser als eisiger Feststoff verlockt zum genaueren Hinsehen. Im Raureif auf Geäst, an Buhnenpfählen, Grashalmen oder sonstigen Fundstücken in Strandnähe präsentiert sich seine vergängliche Schönheit besonders eindrucksvoll. Ebenso wie in einer Schneeflocke sind auch die Eiskristalle im Raureif immer sechsstrahlig aufgebaut.

Ihr Umriss bildet ein regelmäßiges Sechseck, das ohnehin zu den Lieblingsformen der Natur zu gehören scheint, denn es begegnet uns auch im Basisdesign der Bienenwabe oder im Facettenauge der Insekten. Im Reifbelag können die Eiskristalle allerdings leichter oder stärker asymmetrisch verzerrt sein, wenn sie sich unter leichtem Windzug bilden.

Blaue Schatten auf weißen Dünen

Haben Sie schon einmal bewusst auf die Schatten in der Landschaft geachtet? Inszenieren sie nur melancholische Tristesse in Graunuancen, oder sind sie gar bunt?

An einem strahlend sonnigen Wintertag wirken die Schatten in schneebedeckter

98← «Bewegt und bewegend»

(Dünen-)Landschaft tatsächlich blau. Unter diesen Bedingungen kann nämlich der blaue Himmel wie eine zweite Lichtquelle wirken, die vor allem diejenigen Bereiche in seiner Eigenfarbe ausleuchtet, die nicht vom direkten Sonnenlicht erreicht werden. Selbst auf weiß gestrichenen Hauswänden kann man bei strahlend blauem Himmel bunte Schatten entdecken.

Gefrorene See, vereiste Küste

Die mittlere Lufttemperatur im Bereich der westlichen Ostsee liegt im Februar bei 1,4 °C. Die Wassertemperatur ist hier zu diesem Zeitpunkt auf etwa 2,5 °C gesunken.

Watt im Winter – hier auf der dänischen Insel Laesø

Die Belt- und Arkonasee sowie die tiefen und salzreichen Förden in Schleswig-Holstein bleiben daher auch in kalten Wintern eisfrei. Weiter im Norden, im Bottnischen Meerbusen, stellen sich die Dinge dagegen ganz anders dar: Bei durchschnittlichen Lufttemperaturen von durchweg –10 °C vereist hier die Ostsee in jedem Winter, und zwar bis zu fünf Monate lang. Schon nördlich von 56° n. Br. (mittleres Südschweden) überzieht sie sich regelmäßig mit einer dicken Eisdecke. Mitten im Winter kann man also von Stockholm mit dem Auto über das Meer nach Helsinki fahren.

Auch in den **Bodden**, Buchten und Haffen an den mecklenburg-vorpommerschen Küstenabschnitten entwickelt sich fast jedes Jahr im Januar und Februar eine flächige Eisdecke – die Wahrscheinlichkeit der Eisbedeckung liegt bei über 50 %. Bei tiefen Temperaturen schiebt starker Ostwind mengenweise kleinere Eisschollen vor sich her und stapelt sie am Strand zu meterhohen Barrieren auf. Wer ein solches Naturschaustück erleben möchte, muss sich spontan zu einem Kurzbesuch der Ostseeküste entschließen, denn vielleicht sind die aufgetürmten Eisgebirge schon nach wenigen Tagen wieder verschwunden.

→ Bodden

Frage

› Wer dokumentierte als Erster die bunten Schatten?

→216 Antwort

Eisbarriere an der Nordseeküste bei Westerhever

Spuren in Sand und Schlick

Wenn das Wasser von den Wattflächen und Sandstränden abläuft, beginnt die spannende Entdeckungsreise für Strandgänger. Mit jedem Schritt können Sie neue Spuren von Lebewesen entdecken und zu erkunden versuchen, wer sie hinterlassen hat.

← Wattwurm

Im Watt stammen die häufigsten Spuren von **Wattwürmern**, deren Sandkothaufen wie Spaghettikringel aussehen. Entdecken Sie hingegen die kleineren Häufchen des Kotpillenwurms, die wie schwarze Tupfen aussehen, kehren Sie besser um: Dort, wo dieser gummibandähnliche Wurm sein Röhrensystem baut, ist der Boden nämlich schlickig. Knietief können Sie in ihn eintauchen.

175← «Aus dem Leben der Schnecken am Strand»

Obwohl **Wattschnecken** zu den kleinen Wattbewohnern gehören, können Sie ihre Spuren nicht übersehen. Wenn sie auf einem schmalen Schleimfaden über den Boden gleiten, hinterlassen sie feine Linien, als seien sie mit einer Nadel in den Boden gekratzt.

Die meist sehr zahlreichen und sternförmig aussehenden Kratzspuren auf dem Feinsedment stammen vom Schlickkrebs. Sie entstehen, wenn er mit seinen langen Fühlern den Boden um seine Wohnhöhle nach Kieselalgen (Diatomeen) abkratzt. Er erzeugt dann auch das merkwürdige Wattknistern: Wenn er sich streckt, zerplatzt ein Wassertropfen zwischen seinen Antennen.

Spuren des Wattwurms

Vogelspuren

Trittspuren und Fußabdrücke an Strand und Watt stammen zumeist von Vögeln. Da Vögel beim Gehen nur mit den Zehen auftreten, können Sie die höchstens vier Zehenabdrücke deutlich erkennen. Meist weisen drei nach vorne und einer nach hinten. Vergleichen Sie die Vogelzehen mit unseren Zehen, so fehlt die 5. Zehe und die 1. Zehe, der Daumen, ist nach hinten gerichtet. Sie kann auch ganz fehlen, etwa bei Dreizehenmöwen, **Austernfischern** oder Goldregenpfeifern. Enten, Gänse und andere Wasservögel besitzen Schwimmhäute zwischen den Zehen, die die Fußoberfläche vergrößern. Bei Enten und Möwen verbinden sich die drei Zehen, die nach vorne gerichtet sind, und bei Kormoranen sogar alle vier Zehen. Abdrücke von Watvögeln erkennen Sie an den besonders langen, schlanken Zehen, die weit gespreizt werden können (Winkel zwischen der 2. und 4. Zehe bis zu 180 Grad möglich) – dadurch sinken die Vögel nicht so sehr im weichen Boden ein.

→ Austernfischer

Auch Möwen besitzen Schwimmhäute, die bis zu den Krallen reichen. Die Mittelzehe der **Silbermöwe** ist 6–7 cm lang, die der **Lachmöwe** hingegen nur 3 cm.

→ Silbermöwe, Lachmöwe

Schwieriger ist es, die Fußabdrücke der Watvögel nach Arten zu bestimmen – dazu sind sich die Spuren mit den langen schlanken, nur kurz bekrallten Vorderzehen zu ähnlich.

Gänsetrittspuren können Sie leicht anhand der Schwimmhäute, der kräftigen Zehen und vor allem an der Größe erkennen: Die längste mittlere Zehe ist bei der Graugans 8,5–9 cm lang, bei der deutlich kleineren Ringelgans nur 5–5,5 cm. Schlankere Zehen bei ähnlichem Abdruck sind meist ein Hinweis auf Entenfüße: Die Mittelzehe der Eiderente ist etwa 5 cm lang, die Schrittlänge im watschelnden Gang beträgt etwa 15 cm.

Beobachtungstipp

Auch die Winterwochen sind Beobachtungszeit für die Vögel vor und hinter dem Deich. Gegen tiefe Temperaturen kann man sich mit passender Kleidung schützen – gegen den Wind hingegen nur bedingt. Windböen lassen das Fernglas in der Hand erzittern und auch das standfest montierte Spektiv vibrieren, sodass man nur verschwommene Bilder sieht. Professionelle Vogelbeobachter suchen sich daher immer einen windgeschützten Standort aus, im Lee des Deiches, an einem Gebäude oder gegebenenfalls auch im Windschatten eines geparkten Pkw.

Fragen

- Von welchem Lebewesen stammen sternförmige Kratzspuren im Watt?
- Woran können Sie Trittspuren von Gänsen erkennen?

216← Antworten

Tausende Watvögel im Watt

Kurzinformationen Winter

Temperatur am Tiefpunkt

Wasser erwärmt sich nicht allzu leicht und auf jeden Fall viel langsamer als Luft. In der Physik spricht man daher von hoher Wärmekapazität und nimmt die Erwärmbarkeit von Wasser um 1 °C sogar als Standardmaß für die Wärmemenge (Joule oder früher Kalorie).

Im Binnenland und in den Bergen können schon ab Ende Oktober kräftige Nachtfröste auftreten. Die Stillgewässer dieser Regionen reagieren entsprechend: Sie überziehen sich mit einer am Anfang noch dünnen und dann immer massiveren Eisdecke, während das Wasser darunter flüssig bleibt, weil nun kein weiterer Wärmeaustausch mehr möglich ist. Das ermöglicht den vielen Wasserbewohnern im Winter ein sicheres Überleben am Gewässergrund.

Im Meer verläuft die jahreszeitliche Wassertemperatur anders. Das Meerwasser der Nordsee ist wegen der ständigen Wellenbewegung und der **Tideströme** nicht geschichtet. Die gesamte im Wasserkörper gespeicherte Wärmeenergie wird ab Herbst langsam, aber merklich nach dem Ausbleiben der wärmenden Sonnenstrahlung an die Atmosphäre abgegeben. Wegen der großen Wasser- und der darin gespeicherten Wärmemenge vollzieht sich dieser Austausch deutlich zögerlicher als bei einem See oder Weiher. Deshalb speichern die im Laufe von Spätfrühjahr und Sommer erwärmten Wasserschichten ihre Wärmemenge bis weit in den Winter. Daher ist die Nordsee selbst im Dezember noch immer rund 7 °C warm. Den Tiefpunkt ihrer Temperatur erreicht sie im Unterschied zu den Stillgewässern des Binnenlandes nicht schon zu Beginn des Winters, sondern eher an seinem Ende: Um die Monatswende Februar/März ist das Meerwasser rund um Helgoland etwa 2 °C warm (bzw. kalt). Im Frühjahr dauert es daher entsprechend lange, bis wieder die Hochsommerwerte um 20 °C erreicht werden.

→26 «Im Rhythmus der Gezeiten»

Der Wind treibt viele Rotoren an

Die Technik der alten Windmühlen erfährt in den modernen Windenergieanlagen eine bemerkenswerte Renaissance. Seit 1986 sind überall im windoffenen Küstenbereich Windturbinen in Betrieb. Regional bilden sie eine recht dominante Komponente der Kulturlandschaft. Moderne Windenergieanlagen (WEA) bringen eine Leistung von etwa 1,2–1,5 MW. Die WEA erreicht sie bei Windgeschwindigkeiten von etwa 12 m/s (= Windstärke 6–7). Wirtschaftlich arbeiten sie aber bereits ab **Windgeschwindigkeiten** von etwa 5 m/s (= Windstärke 4). Aus Sicherheitsgründen schalten die WEA bei Windstärke 9–10 und höher ab. Moderne Anlagen können die kinetische Energie

→161 «Von Wasser, Wind und Wellen»

des Windes zu über 40 % in elektrische Energie umwandeln. Eine einzige WEA der kleinen 0,5-MW-Klasse kann also den Strombedarf von 240 Haushalten decken. In vier Betriebsmonaten liefert eine WEA die Energie zurück, die zu ihrer Fertigung, Montage und späteren Entsorgung (Betriebsdauer etwa 20 Jahre) erforderlich ist.

Die Ökobilanz der WEA ist somit zunächst recht beeindruckend. Je 4500 kWh Windenergie, die ohne Abgase bereitgestellt werden, lässt sich 1 t Erdöl einsparen. Die Naturschutzverbände sehen die maßenweise installierten WEAs der küstennahen Windparks jedoch nicht nur aus Gründen der Beeinträchtigung des Landschaftsbildes allerdings eher kritisch. Immer wieder kommt es nämlich zu Vogelschlag und tödlich endenden Kollisionen anderer ziehender Tiere (Fledermäuse). Zur Abschätzung der Umweltverträglichkeit besteht noch erheblicher Forschungsbedarf. Das gilt auch für die zahlreichen geplanten und in Bau befindlichen Offshore-Windparks vor den Küsten Deutschlands, Dänemarks und der Niederlande.

Meeresspiegelanstieg: Noch steht es uns nicht bis zum Hals

Das Winterhalbjahr ist an der Küste die Zeit von Sturm und Drang. Zu kaum einer anderen Jahreszeit ziehen kräftigere Sturmtiefs über die Nordsee und schieben ihre Wassermassen in die Deutsche Bucht. Da passiert es regelmäßig, dass die Wellenzungen bedrohlich nahe an der Deichkrone lecken. In den Jahren 1953 und 1962 ereigneten sich schwerste Sturmfluten, die enorme Opfer forderten. Die seither überall entlang der Küste durchgeführten Deichaufhöhungen verhinderten, dass es zu erneuten Flutkatastrophen kam. Allerdings ist das kein Befund von Dauer. Die Ozeanografen heben nämlich warnend die Hand, weil seit der Mitte des 19. Jh. ein ständiger Anstieg des Meeresspiegels zu beobachten ist. Zwischen 1840 und 2000 stieg der Wasserspiegel an der Nordsee um 23 cm an. Der durchschnittliche Anstieg betrug im 20. Jh. 1,7 ± 0,5 mm/Jahr und im Zeitraum 1961–2003 jährlich 1,8 ± 0,5 mm. Von 1993–2010 sind es schon 2,9 ± 0,4 mm im Jahr. Je etwa die Hälfte geht auf die thermisch bedingte Expansion der Weltmeere infolge Erwärmung sowie die schmelzenden Eisschilde und Gletscher zurück.

Solche Zahlen geben zu denken. Noch dramatischer stellen sich folgende Szenarios dar: Die thermische Ausdehnung um je 1 °C Erderwärmung lässt den Meeresspiegel bis zu 40 cm ansteigen. Wenn bis 2300 gar alle Gebirgsgletscher, das grönländische Eis sowie das Eis des westantarktischen Eisschildes abgeschmolzen sein sollten, wird sich der Meeresspiegel um ca. 50 m erhöhen. Zum letzten Mal war die Erde vor 35 Mio. Jahren im Eozän komplett eisfrei, und damals lag der Meeresspiegel um 70 m höher als heute.

Sollte sich der Meeresspiegel solchermaßen erhöhen, kann man auch mit aufgehöhten Deichen nichts mehr ausrichten. Rechnet man zur Küstenzone alle heutigen Gebiete bis 10 km landeinwärts, dann sind schon bei einem Anstieg bis zu 5 m

Windkraftwerkpark – nicht unbedingt ein ästhetischer Gewinn für die Küstenlandschaft.

Flutmauern werden bei steigenden Meeresspiegeln immer wichtiger.

etwa 85 % der Niederlande und Belgiens, 50 % in Deutschland und 30 % in Dänemark akut gefährdet.

Pflugspuren im Watt

«Heut bin ich über Rungholt gefahren. Die Stadt ging unter vor sechshundert Jahren.» So lauten die ersten Zeilen einer um 1882 geschriebenen Ballade von Detlef von Liliencorn. Tatsächlich fand erstmals um 1880 ein Fischer im Watt zwischen den Inseln Pellworm und Nordstrand rund um die **Hallig** Südfall klare Hinweise auf Siedlungsreste. Nach 1920 wurde das Gebiet von dem Heimatforscher Andreas Busch sorgfältig untersucht und ist bis heute Gegenstand archäologischer Forschung. Im Watt zeigen sich bis heute auch die Grundrisse von 28 Warften, auf denen auch schon die damals küstennah siedelnden Friesen ihre Häuser errichteten. Kaum zu glauben, dass der Wattboden unter den weiten, grauen Wassermassen des heutigen Wattenmeeres uraltes Siedlungsland ist und einst eine blühende Wirtschaftslandschaft war.

164← «Besuch auf der Hallig»

Die archäologische Dokumentation dieses alten Siedlungsgebietes ist auch heute noch eine echte Herausforderung. Nur knapp zwei Stunden haben die Grabungsfachleute im Gezeitenrhythmus Zeit, die Warftreste genauer zu untersuchen oder einzelne interessante Fundstücke zu bergen. Über Ergebnisse und Funde aus der Wattarchäologie informieren unter anderem die in der Region angesiedelten Museen, darunter das Museum Leben am Meer in Esens, die Küstenmuseen in Wilhelmshaven und auf Juist, das Ostfriesische Landesmuseum Emden oder das Schleswig-Holsteinische Landesmuseum in Schleswig – eine nachdrückliche Empfehlung für unfreundliche Wintertage, an denen man vielleicht nicht so gerne über den Deich spaziert.

Rekonstruktion des Speisezettels: Speiballen

Wie Eulen speien auch **Möwen**, Greifvögel und viele andere Arten die unverdaulichen Reste ihrer Mahlzeiten als Klumpen wieder aus. Allerdings werden sie nur bei den **Eulen** Gewölle genannt, bei den anderen Vögeln heißen sie Speiballen. Speiballen können Sie vor allem am Strand und erst recht an Möwensitzplätzen auf Molen oder anderen Uferschutzbauten finden. Glück haben Sie aber auch auf den Feldern, auf denen zum Beispiel Lachmöwen Nahrung suchen.

86← «Meisterflieger Möwe

← Sumpfohreule

Möwenspeiballen sind kugelig bis kurz zylinderförmig, 2,5–8 cm lang und haben meist ein etwas zugespitztes Ende. Anhand dieser Speiballen können auch Sie herausfinden, was eine Möwe gefressen hat. Das kann ziemlich verschieden sein. Enthält ein Speiballen vor allem Gräten von Fischen und Schalenteile von Muscheln, Schnecken und Krabben, so ist er meist ziemlich locker und zerfällt rasch.

Beobachtungstipp

- Silbermöwen suchen gern ihre Nahrung auf Muschelbänken. Dort erbeuten sie vor allem Strandkrabben und Miesmuscheln. Um an das Innere zu gelangen, lassen sie die Muscheln gern aus der Höhe auf einen harten Untergrund fallen, etwa auf die Felsen der Küste oder auf den Asphaltuntergrund von Parkplätzen.

Fragen

- Wie viel Eis schmolz von Arktis und Antarktis allein im Jahr 2006 zusammen ab?
- Sind Speiballen von Möwen mit pflanzlichen Resten von Getreiden, Früchten und Insekten (Käfer) fester oder lockerer als solche mit tierischen Resten?

→216–217
Antworten

Speiballen einer Möwe

Anhang

Fragen und Antworten

Einleitung

Große Teile des Festlandes waren früher einmal Meeresboden. Welche bekannte Küstenregion Deutschlands gehört dazu?
Die schneeweißen Kreidefelsen im Nationalpark Jasmund auf Rügen und auch die am Ärmelkanal in der Straße von Dover und Calais sind nach ihrem fossilen Inhalt ehemaliger Meeresgrund.

In welcher Jahreszeit hat das Wasser der Nordsee den geringsten Salzgehalt?
Im Frühling. Im Winterhalbjahr führen die Flüsse niederschlagsbedingt mehr Wasser. Durch den erhöhten Süßwassereinstrom von Rhein, Weser und Elbe stellt sich der mit etwa 31‰ niedrigste Salinitätswert im Jahresgang in den Frühjahrsmonaten ein.

Gibt es in der Ostsee Ebbe und Flut?
Wegen der vergleichsweise kleinen Flächenbemessung und der schmalen Verbindungen zum offenen Nordatlantik durch die dänische Inselwelt treten in der Ostsee keine deutlichen Gezeiten auf – der Tidenhub beträgt hier lediglich etwa 15 cm.

Fische und andere Meeresbewohner sind an den durchschnittlichen Salzgehalt der Ozeane von etwa 35 psu angepasst. Was passiert, wenn eine marine Art in das Brackwasser der Ostsee gerät?
Gerät eine marine Art in Brackwasser, saugt der hohe Salzgehalt ihrer Körperflüssigkeit das umgebende Wasser nach den Gesetzen der Osmose unerbittlich auf – die Zellen platzen. Einige im Meer lebende Arten haben jedoch eine Möglichkeit gefunden, trotzdem im Brackwasser zu leben. Sie pumpen das einbrechende Wasser aus ihrem Körper heraus und nehmen Salze aus dem sie umgebenden Brackwasser auf. So halten sie die Zusammensetzung ihrer Körperflüssigkeit einigermaßen konstant.

Auch in Buhnenpfählen und Treibholz können Sie millimeterweite Bohrlöcher entdecken. Von wem stammen sie?
Sie stammen von den nur 5 mm langen Holzbohrasseln *(Limnoria lignorum)*, die sich fressend durchs Holz bohren. Dank zellulosespaltender Enzyme im Darmtrakt können sie problemlos Holz verdauen. Früher waren sie bei Schiffseignern und Seeleuten gefürchtet, denn sie fraßen sich auch durch die hölzernen Schiffsrümpfe.

Was sind Ästuare?

Ästuare sind Schlickwattbereiche in den gezeitengeprägten Flussmündungen. Groß und biologisch ziemlich spannend mit ständig wechselnden Einwirkungen von Fluss- und Meerwasser sind das Ems-, Weser- und Elbeästuar. Die (heute) sieben verschiedenen Rheinmündungsarme in den Niederlanden kann man in diesem Zusammenhang getrost vergessen. Sie sind wasserbaulich enorm verändert und weisen keine auch nur angenähert natürlichen Züge mehr auf.

Frühling

Welche Form hat das Ei der Trottellumme?

Es ist birnenförmig. Durch die besondere Form kann das Ei nicht vom schmalen Felsensims in die Tiefe rollen. Kommt es in Bewegung, so führt die Birnenform dazu, dass es auf der Stelle lieben bleibt und sich um die eigene Achse dreht.

Welche Vogelart ist unter den Brutvögeln auf dem Lummenfelsen Helgolands am häufigsten?

Die Dreizehenmöwe.

Was sind Tange?

Tange sind die größten Vertreter unter den Algen. Der Name stammt aus dem Norwegischen. Im Englischen nennt man Tange übrigens etwas verächtlich «seaweed» – was man mit deutlichem ökologischem Vorbehalt als Seeunkraut übersetzen könnte. Eine vorbehaltlose Wertschätzung drückt sich auch darin nicht aus.

Was bewirken Alginat-Zusätze in Speiseeis und Sahnetorten?

Alginat-Zusätze im Speiseeis verhindern, dass scharfkantige Kristalle entstehen, die empfindlich beim Abschlecken stören und schlimmstenfalls sogar die Zunge aufschlitzen würden. Alginate sind auch beteiligt, wenn die verwegene Sahnearchitektur einer Schwarzwälder Kirschtorte nicht schon nach kurzer Zeit erbarmungslos in sich zusammensinkt.

Gibt es Algen nur im Wasser?

Nein. Obwohl die allermeisten Algenarten im Wasser anzutreffen sind, gibt es Algen auch auf dem Festland. So überziehen die *Pleurococcus*-Grünalgen die Baumstämme im tropischen Regenwald mit ihren grünen Überzügen. Auch im Erdboden gehören Algen zusammen mit Bakterien und Pilzen zu den häufigsten Lebewesen.

Welchen Organismen stehen die «Blaualgen» verwandtschaftlich am nächsten?

Den Bakterien, denn «Blaualgen» sind ebenso kernlos wie die Bakterien. Darum werden sie heutzutage «Cyanobakterien» genannt, obwohl sie Fotosynthese betreiben können. Die dunklen Striche an nassen Felsen, die wie Tintenstriche aussehen, stammen von solchen Cyanobakterien ebenso die «Engelsschnäuze» genannten Gallerthäufchen, die man manchmal am Wegesrand beobachten kann, sowie der grünliche Schimmer im Fell der südamerikanischen Faultiere.

Können Algen wie Blumen blühen?

Nein, von einer Algenblüte spricht man, wenn sich die Planktonalgen massenhaft vermehren. Berühmt-berüchtigt sind die sogenannten «red tides», die ihre rote Farbe den massenhaft vorkommenden einzelligen Panzeralgen verdanken. Sie sind giftig und können sich zu Zeiten der Algenblüte in Muscheln und Fischen anreichern.

In welchen Monaten sollten Sie keine frischen Muscheln verzehren?

In den Sommermonaten Mai, Juni, Juli und August – also in den Monaten ohne r im Namen – sollten Sie keine frischen Muscheln verzehren, denn dann können sich giftige Algen in den Muscheln anreichern, die Sie unweigerlich mitessen würden.

Womit sind die beiden Schalenklappen einer Muschel verbunden?

Die beiden schaligen Klappen sind rückenseitig in der Nähe des Wirbels mit einem elastischen Ligament, dem Schlossband, miteinander verbunden. Manche Muschelarten besitzen sogar ein Schloss: Der verbreiterte innere Rückenrand besitzt zahnförmige Erhebungen auf der einen Hälfte, in die entsprechende Vertiefungen passgenau greifen.

Sind Einsiedlerkrebse Rechts- oder Linkshänder?

Sie sind Rechtshänder. Die rechte Schere ist viel länger, breiter und kräftiger als die linke. Mit der rechten Knackschere kann der Einsiedlerkrebs sogar die Schalen kleiner Muscheln öffnen. Mit der linken Greifschere ergreift er Beutetiere oder vor der Häutung ein neues Schneckengehäuse.

Wie wird die Algenblüte auch noch bezeichnet?

Als Rote Tide, denn bei der Algenblüte dominieren wegen der im Meer vorherrschenden Planktonalgen gelbliche oder bräunlich-rötliche Töne.

Wie viele Eier entwickelt eine weibliche Sandgarnele?

Eine weibliche Sandgarnele entwickelt in drei bis sechs Zyklen bis zu 20 000 Eier. Diese werden nach der Befruchtung und bis zum Schlüpfen der Larven auf der Bauchseite des Hinterleibs getragen. Die Laichzeit fällt meist in die wärmeren Monate des Jahres. Die Larven durchlaufen bis zur Geschlechtsreife am Ende des ersten Lebensjahres etwa 25 Häutungen. Die Tiere werden etwa 2–3 Jahre alt. In den kälteren

Monaten wandern sie in tieferes Wasser ab. Die Krabbenfangsaison währt an der Nordsee daher nur von Frühjahr bis Herbst.

Wie viele Beine hat eine Sandgarnele?
Sandgarnelen besitzen vier dünne Schreitbeinpaare, die auf der Bauchseite des Kopfpanzers (Carapax) sitzen, sowie vier Schwimmbeinpaare, die sich auf der Bauchseite der Abdominalsegmente (Hinterleib) befinden.

Warum sehen lebendige Sandgarnelen milchig weiß aus, nach dem Kochen aber rosarot?
Die rosarote Farbe entsteht beim Kochen, weil dabei das Protein Crustacyanin seine Struktur verändert. Dann ist das orangerote Karotin Astaxanthin nicht mehr an dieses Protein gebunden und wird farbgebend frei (siehe auch Seite 89).

Auf welcher Körperseite liegt eine Flunder?
Flundern liegen nach dem Übergang zum Bodenleben auf der linken Körperseite. Wie die nah verwandten Heilbutt, Kliesche und Scholle tragen diese Plattfische als fortgeschrittene Jungfische und im Erwachsenenalter ihre beiden Augen auf der rechten Körperseite.

Was ist die Hauptnahrung der Sandgarnelen?
Schlickkrebse. Sie spielen in den Nahrungsketten des Watts eine enorme Rolle, denn sie stehen auch auf dem Speisezettel vieler Fische und Wattvögel.

Sommer

Durch welche Strategie sind alle Dünengräser übersandungsfest?
Wenn Dünengräser von den auflandig bewegten Sandmassen einmal verschüttet werden, bilden sie einfach eine neue Wurzeletage und kommen nach kurzer Zeit wieder mit frischen Trieben zum Vorschein.

Warum muss man sich vor der Blauen Nesselqualle und der Gelben Nesselqualle, die in warmen Sommermonaten an unseren Küsten auftauchen können, in Acht nehmen?
Die Blaue Nesselqualle *(Cyanea lamarckii)* und die Gelbe Nesselqualle *(Cyanea capillata)* besitzen bis zu 10 m lange, haardünne Tentakel, die dicht an dicht mit giftigen Nesselzellen besetzt sind. Bei Berührung explodieren diese Nesselzellen und führen zu schmerzhaften Wunden, die schlecht heilen.

Wie viele verschiedene Typen von Nesselzellen gibt es?
Biologen unterscheiden rund 30 verschiedene Typen von Nesselzellen, die auch Nematocyten oder Cnidozyten genannt werden. Manche bestehen aus langen ungiftigen Fäden, die sich um das Beutetier wickeln, andere aus Klebkapseln oder aus mit Dornen besetzten Schläuchen.

Wie wirken die Nesselgifte der Nesseltiere?

Die Gifte der Nesseltiere sind verschiedene Neurotoxine, die auf das Nervensystem wirken. Da sie den Natriumionentransport an der Zellmembran der Nerven blockieren, führen sie zu Lähmungen und in den Herzmuskelzellen zu Krämpfen. Dabei kann das komplette Herz-Kreislaufsystem ausfallen. Allerdings besitzen nicht alle Nesseltiere so starke Gifte, so sind zum Beispiel die Nesselzellen der Kompass- und Wurzelmundquallen für uns Menschen harmlos.

Wie viele Liter Wasser strömen täglich durch den Körper einer einzigen Herzmuschel?

Durch den Körper einer Herzmuschel strömen etwa 12 Liter Wasser pro Tag und geben ein eindrückliches Beispiel über die enorme Filterleistung aller Muscheln, die innerhalb weniger Tage das komplette Wasser im Wattenmeer durchfiltern.

Wie oft bekommen Schweinswale Nachwuchs?

Die Weibchen gebären nur jedes zweite Jahr ein einziges Junges, das bei der Geburt schon etwa halb so lang wie die Mutter ist. Ein Jahr lang werden junge Schweinswale von ihrer Mutter gesäugt.

Wie viele Male im Jahr werden die Quellergesellschaften der Salzmarsch überflutet?

500–700 Mal im Jahr überflutet das salzige Meerwasser die Queller, die bestens an diese Ereignisse angepasst sind.

Was haben die Salzwiesen der Küsten mit den alpinen Matten gemeinsam?

Die Salzwiesen und die alpinen Matten sind die einzigen natürlichen Wiesenformationen Mitteleuropas. Alle anderen Wiesen bei uns sind von Menschen gemachte Biotope, denn ohne menschliches Zutun wäre fast ganz Mitteleuropa von Wäldern bedeckt.

Worin liegt die ökologische Bedeutung der Salzwiesen?

Die Salzwiesen sind wichtige Brutgebiete für etliche Vogelarten (wie zum Beispiel Austernfischer, Rotschenkel und Wiesenpieper). Zudem rasten und ruhen rund 75 weitere Vogelarten wie etwa Alpenstrandläufer und Knutt auf ihrem Zug in den Salzwiesen. Auch für Insekten und andere Kleintiere sind die Salzwiesen wichtige Lebensräume.

Welchen Küstenvogel erkennen Sie an den eindringlichen «kliiip kliiip kliiip»-Rufen?

Den Austernfischer, der im Sommer an den Küsten brütet. Im Winter versammeln sich diese Vögel zu großen, aus mehreren Tausend Individuen bestehenden Trupps, die gern dicht an dicht beisammensitzen.

Welcher auffällige, eigentlich in Südeuropa heimische Vogel mit überlangen Beinen und schwarzen engelgleichen Flügeln taucht nur in manchen Jahren an unseren Küsten auf?

Der Stelzenläufer (*Himantopus himantopus*, 33–36 cm lang) erscheint unregelmäßig an unseren Küsten. In manchen Sommern tauchen aber viele Individuen auf, die sogar bei uns brüten.

Sind alle Schneckenhäuser nach dem Zufallsprinzip mal rechts-, mal linksgewunden?

Nein. Die Richtung der Windungen ist ein arttypisches Merkmal und nicht «egal».

Wovon stammen die regelmäßigen Lochreihen auf den Kalkplatten leerer Seeigelgehäuse?

Sie stammen von den hydraulisch funktionierenden Ambulakralfüßchen, mit denen sich Seeigel (und Seesterne) fortbewegen oder den Rücken putzen.

Was ist die «Laterne des Aristoteles'» und von welchem Lebewesen stammt sie?

Mit viel Glück können Sie einen frisch an den Strand gespülten Seeigel finden, der noch seinen fünfstrahligen Kauapparat besitzt. Das ist die «Laterne des Aristoteles», die ihren Namen dem griechischen Philosophen Aristoteles verdankt. Sie besitzt einen komplizierten Aufbau aus rund 40 Skelettplatten mit 5 Zähnen, die dank zahlreicher Bänder und Sehnen gegeneinander beweglich sind. Am lebenden Tier sind nur die fünf Zähne sichtbar.

Wozu dient die Furche, die an den Körperflanken der Strandkrabben oberhalb der Beinansätze sichtbar sind?

Diese Furche reißt bei der Häutung auf – die Krabbe kriecht dann sozusagen im Rückwärtsgang aus ihrem alten Panzer einschließlich der Gliedmaßen. Auch die Kiemen werden gehäutet. An leeren Krabbenpanzern im Angespül sind deswegen oft noch die alten Kiemenbüschel zu sehen.

Welche Käferart lebt an manchen Sandstränden unserer Küsten?

Der knapp 1 cm lange, schwarz glänzende Salzkäfer *(Bledius arenarius)* mit kurzen, rötlich schimmernden Flügeldecken gräbt senkrecht Wohngänge in den Strandboden, die bis zu 12 cm tief und 5 mm weit sind. Kleine Sandhäufchen am Ausgang weisen auf das Vorkommen dieses Käfers hin.

Herbst

Wo verbringt die mikroskopisch kleine Seepocken-Larve die ersten Wochen ihres Lebens?

Im Plankton. Wenn sie danach zur festsitzenden Lebensweise übergeht und sich dabei zuerst mit dem Kopf an der Unterlage festzementiert, wandelt sie sich in kurzer Zeit völlig um. Dabei legt sie gleichzeitig ein aus mehreren Kalkplatten bestehendes Gehäuse an, das in der Mitte einen verschließbaren Deckel aufweist.

Welche Seepockenart ist an der Nordseeküste die häufigste?

Es ist die Gewöhnliche Seepocke *(Semibalanus balanoides)*, deren Kalkplatten Durchmesser von bis zu 1,5 cm aufweisen.

Was beobachten Sie, wenn ein riesiger Schwarm von Knutts (Island-Strandläufer, *Calidris canutus*) über das Wattenmeer fliegt?

Weil alle Vögel fast zeitgleich die Richtung ändern, wechselt die Farbe der Knutt-Wolke plötzlich von Weiß nach Silbergrau und zurück. Rostrottöne verraten Ihnen, dass manche Knutts noch ihr Brutkleid tragen und erst bei der Rast im Wattenmeer fertig mausern.

Was suchen die bis zu 23 cm langen Steinwälzer *(Arenaria interpres)*, wenn sie mit ihrem leicht aufwärtsgebogenen Schnabel kleine Steine und Algen umdrehen?

Sie suchen darunter Würmer, Muscheln, Schnecken, kleine Krebstiere und Insektenlarven. Auf steinlosen Schlick- und Sandflächen sind Steinwälzer allerdings im Hintertreffen, denn mit ihrem Schnabel vermögen sie keine Nahrung aus dem weichen Boden zu befördern. Dort luchsen sie anderen Vögeln gern das Futter ab.

Aus welcher Richtung weht der Westwind?

Die Richtung des Windes gibt man grundsätzlich immer nach derjenigen Himmelsrichtung an, aus der er kommt. Ein Westwind weht daher von West nach Ost und nicht etwa umgekehrt.

Wie heißen die künstlich aufgeschütteten, meist kreisrunden Hügel, auf denen die Halligháuser stehen?

Warften, in anderen Regionen auch Wurten. Sie werden nicht von normalen Flutwasserständen erreicht. Nur bei extremen Hochwassern kann die Flut bis an die Krone des Ringdeichs reichen, der die einzelnen Warften bzw. ihre Häuser umgibt.

Wie viele Halligen gibt es in Deutschland heute noch?

Es existieren noch zehn Halligen, die kreisförmig um die Insel Pellworm (keine Hallig) liegen und zum Landkreis Nordfriesland gehören. Die kleinste ist die Hallig Habel mit einer Fläche von nur 0,036 km², die als Naturschutzgebiet nicht betreten werden darf. Die größte Hallig ist Langeneß (Fläche 9,56 km²) mit 16 Warften, auf der rund 100 Menschen leben.

Woran erkennt man die bekannten Graugänse in einem gemischten Gänsetrupp?
In den häufig gemischten Trupps mit anderen Überwinterern erkennt man Graugänse vor allem an ihrem großen leuchtend orangeroten Schnabel, der aus der Entfernung wie eine Möhre aussieht.

Wie heißt der kleine schwedische Held, der in dem Kinderbuch von Selma Lagerlöf mit den Wildgänsen nach Lappland fliegt?
Nils Holgersson. Er lebt auf einem Bauernhof im Süden Schwedens und wird zur Strafe nach einem üblen Streich in ein Wichtelmännchen verwandelt. Auf dem Rücken einer Wildgans, die über die Ostsee kommt, zieht er in deren Brutgebiet in Lappland. Und weil er einigen Tieren in der Not geholfen hat, darf er im Herbst wieder mit den Wildgänsen in seine Heimat fliegen und Mensch werden. Diese Geschichte von den Wildgänsen hat viele Kinderherzen berührt und die Tiere zu Sympathieträgern gemacht.

Worauf bezieht sich der Name «Ringelgans?
Auf den typischen weißen Halsring, an dem man diese Gänseart erkennen kann.

Wo finden Sie am ehesten die ideale Abfolge mit schwarzen, gelben und graugrünen Flechtensäumen?
An einigermaßen glatten Felswänden oder Schutzmauern. An einer wild zerklüfteten Küste mit grobem Blockwerk gerät die strikte Zonierungsfolge auch schon einmal ein wenig durcheinander und bildet dann eher ein unregelmäßiges Patchwork.

Wo trägt die Strandschnecke den Deckel, mit dem sie ihr Gehäuse verschließen kann?
Sie trägt den Deckel oben am Hinterende ihres Fußes. Der hornige Deckel passt exakt in die Gehäusemündung.

Welche Besonderheit vermag die Raue Strandschnecke (Littorina saxatilis)?
Als Anpassung an das Leben in der Hochwasserzone legt die Raue Strandschnecke keine Eigelege. Stattdessen brütet sie ihre Eier in der Mantelhöhle aus, aus der dann die voll entwickelten Jungschnecken schlüpfen.

Wieso können Sie Tangfliegen und ihre Larven selbst im Winter bei relativ eisigen Temperaturen antreffen?
Weil die lebhafte Stoffwechseltätigkeit der Mikroorganismen im Inneren der Tanghaufen recht angenehme Temperaturen von bis zu 20 °C erzeugt, in dem die Tangfliegen gut gedeihen können.

Was geschieht mit den nicht geernteten Scheinfrüchten des Sanddorns über den Winter?

Als klassischer Wintersteher bleiben die nicht geernteten Scheinfrüchte – manchmal leicht angetrocknet – bis zum nächsten Frühjahr am Gezweig und sind eine wertvolle Nahrung für überwinternde oder durchziehende Vogelarten.

Winter

In welcher Jahreszeit bricht das meiste Gestein an den Küstenfelsen ab?
Im Winter. Dann weichen hohe Niederschlagsmengen das Material auf und Fröste lösen zusätzliche Sprengwirkung aus.

Wie heißt der bekannte Felsturm auf Helgoland?
Lange Anna. 1865 ist dieser über 50 m hohe Felsturm, das Wahrzeichen Helgolands, nach dem Einsturz eines Brandungstores entstanden. Durch fortschreitende Basiserosion ist er unterdessen aber in seiner Stabilität stark gefährdet.

Wer dokumentierte als Erster die bunten Schatten?
Die französischen Impressionisten: Sie malten erstmals gegen Ende des 19. Jahrhunderts bunte Schatten in ihre flirrenden, vom Licht durchfluteten Landschaftsbilder. Damit überwanden sie den bedrückenden Hell-Dunkel-Kontrast der barocken Malerei. Sie hielten auf ihren Bildern also keine Fantasie-Effekte fest, sondern waren sehr genaue Beobachter von Licht und Schatten.

Von welchem Lebewesen stammen sternförmige Kratzspuren im Watt?
Vom Schlickkrebs. Er erzeugt sie, wenn er mit seinen langen Fühlern den Boden um seine Wohnhöhle nach Kieselalgen (Diatomeen) abkratzt. Zerplatzende Wassertropfen zwischen seinen Antennen führen zu dem merkwürdigen Wattknistern.

Woran können Sie Trittspuren von Gänsen erkennen?
An den Abdrücken der Schwimmhäute, kräftigen Zehen und langen Mittelzehen (Graugans rund 9 cm lang, Ringelgans ca. 5 cm lang).

Wie viel Eis schmolz von Arktis und Antarktis allein im Jahr 2006 zusammen ab?
Etwa 475 Gt Eis. Das entspricht der Wassermenge des riesigen Erie-Sees oder der zehnfachen Wassermenge des Bodensees. Jedes Jahr seit 1992 gingen in den polnahen Gebieten der Erde etwa 36 Gt Eis verloren. Wenn das so weitergeht, wird auch die Nordsee bis zum 2050 um 32 cm ansteigen.

Sind Speiballen von Möwen mit pflanzlichen Resten von Getreiden, Früchten und Insekten (Käfer) fester oder lockerer als solche mit tierischen Resten?

Fester. Suchen Möwen ihre Nahrung auf den menschlichen Müllhalden, enthalten die Speiballen erstaunlich viele Plastikstücke, Gummiringe, Glasscherben, Metallfolien und Ähnliches.

Zum Nachschlagen und Weiterlesen

Bergmann, H.-H.: Vogelfedern an Nord- und Ostsee. Quelle & Meyer Verlag, Wiebelsheim 2010

Bezzel, E.: Vogelfedern. Federn einheimischer Arten bestimmen. BLV, München 2003

Brandt, T. u. a.: Die 50 besten Vogelbeobachtungsplätze in Deutschland. Aula Verlag, Wiebelsheim 2011

Bruns, H., Stromberg, S., Wolff, S.: Naturführer Eidermündung. Husum Druck- und Verlagsgesellschaft, Husum 2008

Demmler, P.: Das Meer. Eugen Ulmer Verlag, Stuttgart 2011

Ehlers, J.: Die Nordsee. Wissenschaftliche Buchgesellschaft, Darmstadt 2008

Eisermann, K.: Neuwerk. Erholungsinsel mit Geschichte. Wirtschaftsverlag NW, Bremerhaven 2011

Gemeinsames Wattenmeersekretariat (Hrsg.): Das Wattenmeer. Konrad Theiss Verlag, Stuttgart 2005

Gosselck, F., Kinze, C. C.: Die Ostsee als Lebensraum für Meeressäugetiere. Deutsches Meeresmuseum, Stralsund 2011

Hecker, F.: Welcher Meeresfisch ist das? Franckh-Kosmos Verlag, Stuttgart 2008

Hecker, K., Hecker, F.: Steine, Federn, Muscheln. Naturkunst mit Kindern. Haupt Verlag, Bern 2010

Heydemann, B.: Neuer Biologischer Atlas. Ökologie für Schleswig-Holstein und Hamburg. Wachholtz Verlag, Neumünster 1997

Holt, K. von, Holt, J. von: Bernstein an Nord- und Ostsee. Finden und Bestimmen. Quelle & Meyer Verlag, Wiebelsheim 2012

Hupfer, P.: Die Ostsee – kleines Meer mit großen Problemen. Borntraeger, Stuttgart 2010

Janke, K., Kremer, B. P.: Düne, Strand und Wattenmeer. Tiere und Pflanzen unserer Küsten. 6. Aufl., Franckh-Kosmos-Verlag, Stuttgart 2010

Janke, K., Kremer, B. P.: Das Watt. Tiere und Pflanzen im Weltnaturerbe Wattenmeer. 3. Aufl., Franckh-Kosmos, Stuttgart 2011

Janke, K.: Schnecken, Muscheln und Tintenfische an Nord- und Ostsee. Quelle & Meyer Verlag, Wiebelsheim 2010

Kelletat, D.: Physische Geographie der Meere und Küsten. Teubner Verlag, Stuttgart 1989

Kremer, B. P.: Das Strandkorb-Sammelsurium. Natur-Wissen für die schönsten Tage des Jahres. Hirzel, Stuttgart 2009

Kremer, B. P.: Wasser! Naturstoff – Lösemittel – Lebensraum. Schneider Verlag Hohengehren, Baltmannsweiler 2010

Kremer, B. P., Gosselck, F., Janke, K.: Erlebnis Küste. Naturkundliche Streifzüge an Nord- und Ostsee. Quelle & Meyer Verlag, Wiebelsheim 2012

Kremer, B. P., Gosselck, F.: Erlebnis Nord- und Ostseeküste. Aufgaben und Arbeitsblätter zum Lernen, Üben und Experimentieren. Quelle & Meyer Verlag, Wiebelsheim 2012

Küster, H. J.: Die Ostsee. C. H. Beck Verlag, München 2002

Landesamt für den Nationalpark Schleswig-Holsteinisches Wattenmeer/Umweltbundesamt (Hrsg.): Umweltatlas Wattenmeer. Band I: Nordfriesisches und Dithmarscher Wattenmeer. Eugen Ulmer Verlag, Stuttgart 1998

Landesinstitut Schleswig-Holstein für Praxis und Theorie der Schule (IPTS)/Landesamt für den Nationalpark Schleswig-Holsteinisches Wattenmeer (NPA) (Hrsg.): Tiere im Wattenmeer. Schmitt & Klauning, Kiel 1990

Meier, D.: Die Nordseeküste. Geschichte einer Landschaft. Boyens Medien GmbH, Heide 2006

Meyer, H. U., Twenhöven, F. L., Kock, K.: Lebensraum Wattenmeer. Biologische Arbeitsbücher Bd. 47, Quelle & Meyer Verlag, Wiesbaden 1994

Nationalparkverwaltung Niedersächsisches Wattenmeer/ Umweltbundesamt (Hrsg.) Umweltatlas Wattenmeer. Band 2: Wattenmeer zwischen Elb- und Emsmündung. Eugen Ulmer Verlag, Stuttgart 1999

Oftring, B.: Auf Entdeckungstour an Strand & Küste. moses, Kempen 2008

Pott, R.: Die Nordsee. Eugen Ulmer Verlag, Stuttgart 2003

Reinicke, R.: Funde am Ostseestrand. Demmler Verlag, Schwerin 2008

Reinicke, R.: Küsten der Ostsee. Delius & Klasing, Bielefeld 2008

Reinicke, R.: Kliff & Strand. Unsere Ostseeküste. Demmler Verlag, Ribnitz-Damgarten 2011

Rheinheimer, G. (Hrsg.): Meereskunde der Ostsee. 2. Aufl., Springer-Verlag, Heidelberg 1996

Rudolph, F., Bilz, W., Pittermann, D.: Fossilien an Nord- und Ostsee. Finden und Bestimmen. Quelle & Meyer Verlag, Wiebelsheim 2010

Rudolph, F.: Strandsteine sammeln und bestimmen. Wachholtz Verlag, Neumünster 2007

Rutschke, E.: Wildgänse. Lebensweise, Schutz, Nutzung. Parey Verlag, Berlin 1997

Sindowski, K.-H.: Das ostfriesische Küstengebiet. Insel, Watten, Marschen. Sammlung Geologischer Führer 57. Bornträger, Berlin/Stuttgart 1973

Sommer, U.: Biologische Meereskunde. Springer-Verlag, Heidelberg 1998

Türkay, M.: Wattenmeer. Waldemar Kramer, Frankfurt/M. 1998

Wagner, C. u.a.: Weitere 25 empfehlenswerte Vogelbeobachtungsplätze in Deutschland. Aula Verlag, Wiebelsheim 2012
Wichard, W., Gröhn, C., Seredszus, F.: Wasserinsekten im Baltischen Bernstein. Verlag Kessel, Remagen 2009

Ferner:
Schranz, S., Wüstenberg, C.: Die Nordsee von oben. DVD 2011 (vgl. www.die-nordsee-von-oben.de)

Bildnachweis

Buchhorn, Wolfgang/Frank Hecker: S. 147
Dirscherl, R./Blickwinkel: S. 74
Hecker, Frank: Umschlag (alle), S. 10–11, 12, 13, 14, 20, 22, 25 (alle), 37 (oben), 40, 42, 44, 46, 48, 52–53, 54, 56, 57, 59, 60, 61, 62 (unten), 63, 65, 66, 68, 69, 70, 72, 73, 82, 83, 84, 86, 88, 89, 90, 92, 94–95, 96, 98–99, 100, 103, 105 (beide), 107, 108, 111 (beide), 113, 114, 117, 118, 119, 123, 124, 125, 128, 129, 130, 131 (beide), 133, 135 (beide), 137, 144, 145, 148–149, 150, 152, 157 (unten), 158, 159, 160, 161, 162, 167 (beide), 169, 171, 172, 173, 175, 176, 178, 180, 181, 183, 191, 192, 194–195, 196, 198, 205, 206–207
Janke, Klaus: S. 27 (beide), 50, 79, 140, 141, 174
Jaun, Andreas: S. 62 (oben), 93, 116, 142, 143, 153, 154
Kremer, Bruno: S. 16, 28 (beide), 34, 36, 37 (unten), 39, 43, 101 (beide), 110, 122, 163, 182
Lamm, B./Blickwinkel: S. 185
McPhoto/Blickwinkel: S. 17
Mestel, Eckhard/Frank Hecker: S. 184
Stock, Martin: S. 18, 21, 24, 29, 30, 32–33, 45, 47, 51, 76–77, 121, 127, 157 (oben), 164, 165, 166, 168, 186–187, 188, 197, 200, 203 (beide)
Zankl, Solvin: S. 120

Sachregister